深部巷道顶板层状岩体双向聚能切缝裂隙扩展机理研究

邹宝平　著

中国建筑工业出版社

图书在版编目（CIP）数据

深部巷道顶板层状岩体双向聚能切缝裂隙扩展机理研究 / 邹宝平著. -- 北京 : 中国建筑工业出版社, 2024. 11. -- ISBN 978-7-112-30796-8

Ⅰ. TD263

中国国家版本馆CIP数据核字第2025TJ6829号

本书详细介绍了深部巷道顶板层状岩体双向聚能切缝裂隙扩展机理与演化规律。全书共分 5 章，主要内容包括绪论、双向聚能冲击荷载下层状岩体裂隙扩展基本理论、双向聚能冲击荷载下深部层状岩体破坏特性试验研究、高地应力层状岩体双向聚能切缝裂隙演化试验研究、结论与展望等。

本书可作为土木工程、水利工程、地质资源与地质工程、矿业工程、轨道交通工程、隧道工程、岩土工程、地下空间工程等专业本科生和研究生的教学用书、也可供相关专业技术人员在从事地下工程建设的管理、施工、设计、勘察和监理等工作时参考。

责任编辑：王砾瑶　徐仲莉
责任校对：张　颖

深部巷道顶板层状岩体双向聚能切缝裂隙扩展机理研究

邹宝平　著

*

中国建筑工业出版社出版、发行（北京海淀三里河路 9 号）

各地新华书店、建筑书店经销

北京点击世代文化传媒有限公司制版

建工社（河北）印刷有限公司印刷

*

开本：787 毫米 ×1092 毫米　1/16　印张：10　字数：199 千字

2025 年 1 月第一版　2025 年 1 月第一次印刷

定价：**42.00** 元

ISBN 978-7-112-30796-8

（43973）

如有内容及印装质量问题，请与本社读者服务中心联系

电话：（010）58337283　QQ：2885381756

（地址：北京海淀三里河路 9 号中国建筑工业出版社 604 室　邮政编码：100037）

序

PREFACE

2016 年 5 月，习近平总书记在全国科技创新大会上指出“向地球深部进军是我们必须解决的战略科技问题”。地球深部拥有丰富的油气、矿产和地热等资源，随着浅部资源日趋枯竭，向地球深部要资源是必然趋势。层状岩体是深部资源开采中普遍存在的一种岩体，由于具有层状结构以及“三高一扰动”的特殊环境，导致其变形和强度特征具有明显的各向异性，岩体的破坏机理及方式与浅部显著不同。

该书作者开展了双向聚能冲击荷载下层状岩体裂隙扩展基本理论、双向聚能冲击荷载下深部层状岩体破坏特性试验研究、高地应力层状岩体双向聚能切缝裂隙演化试验研究，可有效控制深部围岩大变形、瓦斯爆炸、岩爆等重大灾害事故。对双向聚能切缝裂隙扩展机理的深入认知，不仅能确保双向聚能切缝按照深部层状岩体设计位置及方向对顶板进行预裂切缝，而且能使顶板按设计的高度沿预裂缝切落，切断部分顶板岩体的应力传递，能解决主动切顶又不破坏顶板的技术难题，是“110 工法”顶板双向聚能切缝理论的重要拓展，对降低地下工程投资和节能减排有积极意义。

本书是作者对深部巷道顶板层状岩体双向聚能切缝裂隙扩展机理与演化规律的系统总结，凝结了作者十多年的工程智慧，内容丰富，数据翔实，具有重要的学术参考价值和工程指导意义。因此，我十分乐意向广大读者推荐这本专著。

中国科学院院士 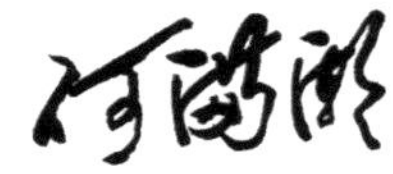

2024 年 12 月 18 日

前言

FOREWORD

层状岩体是深部资源开采中普遍存在的一种岩体，由于具有层状结构以及“三高一扰动”（高地应力、高地温、高渗透压、强烈的开采扰动）的特殊环境，使深部工程围岩表现出其特有的力学特征现象（如围岩的大变形、动力响应的突变性、深部岩体的脆性—延性转化），导致其变形和强度特征具有明显的各向异性，岩体的破坏机理及方式与浅部显著不同。由于浅部围岩大多处于弹性状态，属于小变形，产生弹性裂缝，为脆性变形，但进入深部以后，因为围岩内赋存的高地应力与其本身低强度之间的突出矛盾，巷道开挖后二次应力场引起的高度应力集中导致近表围岩受到压剪应力超过围岩强度，围岩很快由表及里进入破裂碎胀和塑性扩容状态，极易出现大变形而整体失稳，产生塑性裂缝，为延性变形，这是岩石在高围岩下表现出的一种特殊的变形性质。目前的研究主要集中在脆—延转化的判断标准，而对于双向聚能切缝爆破作用下层状岩体延—脆转化的破坏特性与裂隙演化规律的研究十分缺乏。

本书在综合分析国内外现有文献资料及研究成果的基础上，采用理论分析、室内动态冲击力学试验、大型物理模拟试验、红外热像试验、声发射试验等方法，对双向聚能冲击荷载下层状岩体破坏特性、高地应力层状岩体双向聚能切缝裂隙演化规律等进行了较为系统的研究，有助于掌握深部层状岩体在不同层面倾角条件下破坏的动力学特性，促进深部层状岩体巷道或隧洞工程实践的发展。

全书共 5 章，第 1 章为绪论；第 2 章主要介绍双向聚能冲击荷载下层状岩体裂隙扩展基本理论；第 3 章主要是双向聚能冲击荷载下深部层状岩体破坏特性试验研究；第 4 章主要开展高地应力层状岩体双向聚能切缝裂隙演化试验研究；第 5 章主要是结论与展望。

另外，本书的研究成果获得了国家自然科学基金（No. 41602308）、浙江省自然科学基金（No. LY20E080005）和浙江科技大学学术著作出版专项资助。本书的研究工作得到了作者所在单位以及河南能源化工集团有限公司永煤公司车集煤矿徐付军、平顶山天安煤业股份有限公司五矿王振、郑州煤炭工业（集团）郑新煤业有限公司石志亮等领导和专家的无私帮助，同时感谢研究团队成员丁浩楠、陈永国、刘治平、谢况琴、姜茗耀、张睿淏、石志亮等参与了本书的部分编写工作。

限于作者水平，书中难免存在疏漏和不足之处，敬请读者评判指正。

作者

2024 年 6 月 20 日于杭州

目录

CONTENTS

01

第 1 章

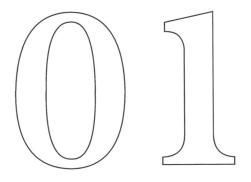

绪论

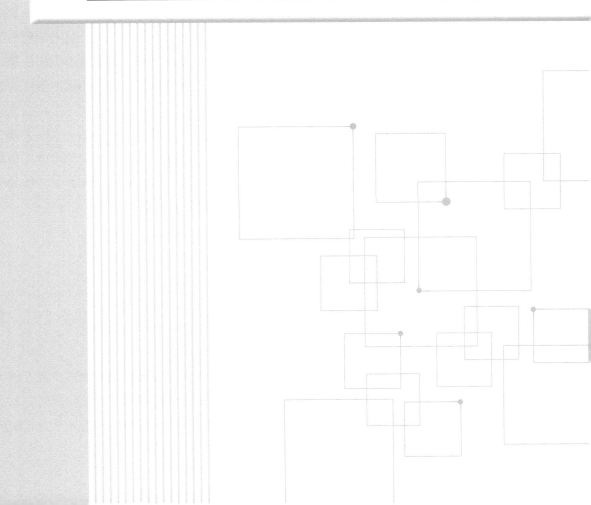

1.1 研究背景与意义

一种经历过多次而反复的地质作用的地质体，在作为力学作用研究对象时被定义为岩体。层状岩体主要包括沉积岩以及具有层状构造的变质岩和火成岩。沉积岩在地球表面广泛出露，约占地表总面积的2/3，在我国占到77.3%。随着近些年我国基础建设的大力发展，在高速公路、高铁以及地下工程建设中不可避免地会遇到很多和层状岩体有关的工程问题。层状岩体在自然条件下以及人类工程活动影响下主要产生多种变形破坏类型，如滑坡、倾倒、溃屈、硐室顶底板变形、边墙板裂等。层状岩体由于其层面、节理等存在，力学特性具有强烈的各向异性，变形类型多样，破坏机制也存在较大差别。如意大利瓦依昂水库滑坡以及我国的鸡冠岭滑坡、长江链子崖危岩体和澜沧江乌弄龙水电站右岸倾倒体等。

随着经济建设与国防建设的不断发展，人口的日益增多，人类对能源资源的需求量越来越大，浅部煤炭资源日趋枯竭，迫使我们加快对深部资源的开发。然而随着地层的不断深入，地质环境日趋复杂，高地应力、高地温度、高地水压以及高瓦斯浓度所引起的突发性工程灾害越来越多，地下深部资源的开采面临着严峻的挑战。隧道爆破施工、地热资源的开发与利用、深海资源勘探与开采、高烈度地震区域构筑物抗震与减灾、核废物的处理以及 CO_2 地下隔离等工程常常涉及动力学问题，这些问题与岩石力学结合起来带来的新课题，引起了社会和学者的高度重视。例如巷道围岩的稳定性问题，层状岩体裂隙演化问题，水热耦合下岩石力学特性等，这些问题的解决需要岩石力学理论的进一步发展与关键性技术的突破。

本书采用岩土体动态冲击力学试验系统，研究分析深部砂岩处于热—水—力耦合作用复杂环境下，在不同冲击气压下的应力、应变、应变率的特性以及深部砂岩的能量耗散规律，得到的研究成果可为热—水—力耦合作用下深部砂岩动态力学特性的研究提供参考，对深部砂岩的冲击破岩及深部岩体工程的安全施工都具有指导意义。

1.2 国内外研究现状

1.2.1 冲击荷载下深部岩体破坏特性研究现状

（1）深部岩体破坏特性研究现状

深部岩体的动力响应过程具有强烈的冲击破坏特性，宏观表现为巷道顶板或周边围岩的大范围突然失稳或坍塌。因此，系统开展深部岩体破坏动态力学特性研究非常必要，是深部岩体动力学理论分析与数值模拟计算的关键。目前，国内外学者从深部的粉砂岩、砂岩、花岗岩、大理岩、泥岩等硬软岩方面，对深部岩体破坏动态力学特性进行了大量的研究工作。

粉砂岩研究方面，针对岩石在动静组合载荷作用下，其强度、变形、破坏过程、能量耗散、深部工程高静应力和高温环境作用等力学特性都与传统静力学差异大的特点，李夕兵等对岩石在不同动静组合加载下的强度特性、破碎规律、吸能效率及高应力和高温耦合下的岩石动态力学特性进行了系统研究。为进一步验证分离式霍普金森压杆（Split Hopk in Son Pressure Bar，简称 SHPB）系统测试岩石动态特性的准确性，Li 等基于颗粒流理论建立 SHPB 试验数值模拟模型。

砂岩研究方面，针对深部岩石承受高地应力并在动力开挖扰动下发生破坏的特性，宫凤强等分析了砂岩的变形和强度特性、能量传递规律、破坏模式（图 1-1）。Nakagawa 等基于 SHPB 试验研究了砂岩声波速度和衰减的动力特性。实际上，深部岩体在开挖过程中由三维应力场向一维应力场转变时，首先经历了一定的卸压过程，然后再经受开挖扰动进而发生破坏。针对这一科学问题，殷志强等对砂岩历经三维加载—围压卸载—轴向冲击的临界破坏特性进行系统研究。叶洲元等对砂岩进行静载荷加卸载后再冲击试验，以模拟深部岩石开挖卸载后又受到动力扰动的情形。Liu 等研究了砂岩、花岗岩和大理岩的动态力学性能，分析了动态应力—应变曲线、动态抗压强度、吸能特性、弹性模量随应变率的变化规律等。

图 1-1 砂岩剥离后的破坏模式图

花岗岩研究方面，Wu 等对深部花岗岩超低摩擦（ALF）、摆型波（μ 波）的非线性动力响应行为进行试验研究。Dai 等针对花岗岩试件长细比、端面摩擦效应、动力平衡等关键问题，对花岗岩动态压缩、动态拉伸时的力学特性进行了研究（图 1-2）。李夕兵等对含圆形、方形孔洞的花岗岩试样分别进行了不同轴向预静载、相同冲击动载下的 SHPB 试验，并对动静加载前后的试样进行核磁共振（NMR）测试，定量分析岩石内部裂隙的发育、扩展和贯通情况。Gao 等使用数字图像相关技术（DIC）对花岗岩的裂缝延伸率进行了研究。

（a）bonded　　（b）dry　　（c）lubricated

图 1-2　试样损伤程度

大理岩研究方面，Zhang 等研究了大理岩在动载作用下的动态力学特性。但深部岩体不仅是高地应力问题，也有处于三向不等应力状态。因此，为获得深部岩体的变形模量，李维树等对不同侧压下大理岩的变形特性进行研究，定量揭示深部大理岩的卸荷松弛程度。Zou 等针对大理岩在动载下的开裂失效过程进行 SHPB 试验。

其他岩石研究方面，赵光明等对埋深 1km 以下的泥岩和砂质泥岩进行动态力学特性研究，建立了一种适应软岩材料的黏弹性统计损伤模型。Wang 等认为合理的本构模型是研究岩石材料本构关系的关键，提出了一种岩石动态破坏损伤本构模型。Li 等对不同应变率准静态加载作用下石膏材料的直接拉伸特性进行试验研究。Liu 等建立了不同流量下考虑溶解效应和渗流效应的岩盐动态溶解模型，对不同流量下深部岩盐溶解过程的动态力学特性进行研究。Liu 对煤岩失效模式的特征、断裂强度、能量耗散、分形维数等进行了研究。

1949 年，Kolsky 最早提出了分离式霍普金森压杆技术，经过多年改进、发展与完善，这项技术现已用于研究岩石等高应变率下的力学特性的材料。近年来，随着科学技术理论的不断发展，对岩体破坏特的研究方法越来越多，研究内容也越来越深入。

李杰等指出了爆炸等强动力作用下需要考虑岩体的结构特性并系统地总结了深部非线性岩石动力学的发展。通过大规模爆炸条件下的岩块基本变形特性分析，构建了岩块不可逆位移渐进演化分析模型，确定了不同爆炸当量激活块体的尺度随爆心距的关系和岩块不可逆位移大小的边界范围，提出了地下核爆炸诱发人工地震安全距离的计算方法。陆军涛等采用岩石应力—渗流耦合真三轴系统和 PCI-2 声发射系统，结合矿井高强度快速推采的现状，系统分析了双轴加载下加载速率对大尺寸试样破裂的影响规律，揭示了加载过程中单裂隙和双裂隙试样的破裂和声发射行为特征。陈昊祥等认为，高地应力使深部岩体含有大量弹性应变能。当平衡状态因各种扰动作用而遭到破坏时，有势场和不平衡应力场便出现在围岩中。岩体的变形与破坏在不平衡力场和扰动场的作用下表现为分区破裂化、大变形、岩爆以及人工地震等非线性行为。特征能量因子结合统计物理学观点，从能量角度分析深部岩体在动静荷载组合作用下的变形和破坏过程。崔正荣等基于 ANSYS/LS-DYNA 模拟软件，建立了三维数值计算模型，开展了不同开采深度条件下的岩体双孔爆破、卸压爆破的数值模拟。研究发现，岩石类型和爆破参数不改变时，地应力随着开采深度的增加而增大；初始地应力越大，对卸压爆破损伤抑制作用就越大，爆炸应力波和爆生气体形成的损伤区体积就越小，并呈非单调变化；岩体损伤类型由拉伸破坏向剪切破坏过渡，地应力对拉伸破坏表现为抑制作用，对剪切破坏表现为促进作用。张传庆等进了常规三轴与真三轴加载试验、损伤控制加卸载试验，通过分析试验结果，揭示了大理岩弹性变形特性、变形与强度的围压效应、脆延转换破坏特征及机制，并将其应用于指导深埋隧洞围岩支护设计，提出了快速提高围压、改变围岩破裂方式的深部硬岩工程支护设计理念，确立了及时进行表面支护、加固围岩、提高结构面抗剪强度及支护系统整体抗冲击能力的支护设计原则。李家卓等采用理论分析、数值模拟和现场实测三种研究方法，揭示了深部采场底板围岩三维应力场的空间分布特征和时间变化规律以及深部采场底板围岩在多力学参量作用下的裂隙演化力学机制。雷刚利用 Flac 3D 非线性动力研究了不同变量对岩体爆破损伤量的影响，并以定量和定性的方式探讨了爆破损伤破坏区域随动态加载时间的扩展规律。研究表明：岩体损伤区域和损伤量的大小与峰值应力有关，岩体损伤区发展速度与加载速率有关，岩体拉伸破坏区域的最终形态及拉伸破坏量与静应力有关。谢和平等指出，深部岩体应力状态的典型基本特征是深部静水压力。深部所代表的并不是深度，它一种力学状态。

（2）层状岩体破坏特性研究现状

层面、节理等的存在使得层状岩体力学特性具有强烈的各向异性。层状岩体的层状构造包括结构面充填物、结构面产状、结构面组合方式及其不同岩性组合方式，它们控制着层状岩体的力学性质。层状岩体的各向异性的室内试验研究和数值模拟研究是目前研究其力学性质的主要手段。

层状岩体各向异性研究最早始于国外，Lekhintsikilz 在广义虎克定律的基础上推导了各向异性弹性理论方程，为层状岩体各向异性研究奠定了理论基础。Salamon 等通过研究层状岩体变形、强度方向的各向异性，提出层状介质等效各向异性理论，并建立计算模型。Tien 等为了研究不同倾角对岩体强度和弹性模量的影响，利用两种不同材料制作了不同倾角的三组岩样进行试验研究。Tavallali 等进行了巴西劈裂试验，揭示岩层倾角对层状砂岩抗拉强度的影响。

在国内，康钦容等通过层状岩石试件研究了层理对其强度特性和变形特征的影响，利用弹性小变形理论推导计算复合层状岩体的变形及弹性模量。研究发现，层状岩体的强度与弹性模量由于水平层理的存在而降低且层状岩体变形量增大。左双英等基于 Flac 3D 平台，建立反映层状岩体各向异性模型，分析层状岩体的力学行为和变形破坏机制。最终将层状岩体的破坏模式分为层间破坏和岩块破坏。梁庆国等利用物理模拟试验，研究在强地震动作用下层状岩体边坡变形破坏问题。他指出了岩体变形破坏的形式和分布特征随结构面的性质变化而变化，极大的不均匀性是岩体动力破坏的显著特点。徐子瑶等采用 GDEM 软件探讨节理角度与加载方向夹角对平行层状节理岩体力学性质以及破坏模式的影响，分析得出平行层状节理岩体的力学性质和峰值强度与节理倾角有直接关系。曲广琇等测得了浅变质板岩的各项物理力学参数，对不同层理面倾角的浅变质板岩进行了单轴压缩试验，探究试样破坏形态、应力应变关系与倾角之间的关系。得到了浅变质板岩压缩破坏的 4 种形态，且随着倾角的增大岩样的强度表现为先减小再增大的趋势。欧雪峰等研究了层状板岩的各向异性在动态加载条件下的表现形式，进行了分离式霍普金森压杆试验，获得 5 组层理面倾角的层状板岩临界破坏状态力学特征及破坏机制，然后利用元件组合模型理论，建立了层状岩体动态损伤本构模型。袁泉等以不同层理角度的层状岩体为研究对象，开展了对不同层理角度岩样大跨度单轴加载速率试验，系统研究了千枚岩力学特性与加载速率之间的关系。杨仁树等将红砂岩和灰砂岩“拼接”成层状复合岩体并探究其动态力学性能，进行了分离式霍普金森压杆（SHPB）冲击试验，分别研究了冲击杆冲击不同砂岩面时岩体应力波传播特征、动态力学特性以及能量耗散规律，同时结合超高速数字图像相关（DIC）试验系统对复合岩体的破坏特征进行研究。

（3）冲击荷载下岩体动态特性研究现状

目前，国内外利用的分离式霍普金森压杆试验装置多为单轴装置，研究的多为一维应力下的动态压缩行为。李洪涛对石英云母片岩的动力学特性和裂纹扩展规律进行了研究，描述了石英云母片岩破碎的应力性质以及应力—应变关系曲线。袁璞在 SHPB 试验下通过分析不同煤层下砂岩的应力—应变关系曲线，提出了端面不平行岩石试件平均应变率和峰值应变修正公式。李地元通过 SHPB 试验研究了砂岩岩体动态拉压力学与层理倾角之间的关系，并讨论了冲击荷载下含孔洞的大理岩力学特性。董英健利用直径 50mm 霍普金森压杆系统，通过改变冲击荷载研究两种矿石的动态力学特性，分析了冲击气压对矿石应变率的影响。Mishra 等采用直径 76mm 的分离式霍普金森压杆装置，对两种不同直径和五种不同长细比的花岗岩试样进行了高应变率特性分析，研究岩石试件的应力应变响应。Se-Wook 等采用分离式霍普金森压杆装置研究了花岗岩微裂纹诱导断裂韧度各向异性与加载速率相关性的关系。Ai，Dihao 采用 12 组巴西圆盘（BD）岩石试件，进行了劈裂 SHPB 加载试验研究，研究岩石在高应变率冲击载荷下的动态力学特性和裂纹扩展规律。

随着开采地层不断深入，研究岩石处于二维和三维应力状态下的动态冲击破坏模式更符合实际情况。刘军忠等利用具有主动围压加载装置的直径 100mm SHPB 试验装置研究了斜长角闪岩的动力学特性与围压等级、应变速率之间的关系，并分析了试验的有效性。陈璐等采用了自主研制的 SHPB 三轴高围压加载试验系统，考虑千米采深的实测地应力数值，并通过能量分析研究了深部花岗岩的动力破碎耗能特性。高强等采用直径 50mm 变截面 SHPB 试验系统，研究了硬煤在被动围压下各向应力—应变关系曲线与最大被动围压和冲击速率的关系。王立新等利用 SHPB 试验系统研究了不同围压、不同轴压、不同冲击荷载下花岗类岩石的动态力学参数和变化规律。

近年来，随着对岩石动态特性研究的逐步深入，深部岩石所处环境不仅有高地应力，还有高渗透水压和高低温。高富强等利用自主开发的围压加载装置和 SHPB 试验技术研究了砂岩处于不同围压和含水状态下的动态力学性能。尹士兵等对高温作用后的砂岩进行了动荷载加载试验，研究了砂岩动态强度与温度之间的关系。

国内外对于岩石的研究多集中于一维应力状态下在不同加载速率、冲击荷载以及高温作用后的岩石动态力学特性和破坏形态的研究，对处于三维状态下岩石的动态破坏力学特性的研究较少，而关于岩石处于热—水—力耦合作用复杂环境下的研究相对缺乏，尚未系统研究热—水—力耦合作用下岩石动态抗压强度与应变、应变率之间的关系，以及岩石的破坏形态。

1.2.2 深部岩体聚能切缝物理模型试验研究现状

（1）聚能切缝研究现状

目前，光面爆破技术被广泛应用于隧道和硐室施工。光面爆破在轮廓成型等方面与常规爆破相比有一定改观，经济效益较好。围岩在光面爆破技术本身和爆破参数的影响下，会出现围岩损伤较严重，轮廓不平整度大等现象，尤其是在软弱或破碎岩体中，问题更为突出。为了满足实际岩体工程领域对隧道、硐室开挖质量的高要求，弥补光面爆破的不足，王树仁、杨永琦、杨仁树等人提出了多种定向断裂控制爆破技术。岩石定向断裂控制爆破在应用传统光面爆破装药结构的同时，在炮孔连心面方向采取进一步措施，或者降低岩石的抗破坏能力，或者增强炮孔装药爆炸方向的作用力，从而使裂纹在该方向上优先起裂、扩展、贯通，从而达到提高光爆效果的目的。但是，在应用过程中也出现了切缝药包与炮孔耦合困难，装药繁琐等问题，在实际应用中受到很大的限制。杨国梁等通过分析定向爆破技术在巷道开挖中的应用，发现其能够有效减少围岩损伤，提升巷道成型质量。傅师贵等研究了高地应力环境下定向爆破的机理，验证了其在深部巷道中的适用性。叶建军等应用定向爆破技术对高墩渡槽进行拆除，展示了双向定向爆破技术的工程应用效果。刘迪等通过研究聚能射流在岩石定向劈裂中的作用，提出了使用预切槽和多点聚能装药的爆破技术。此技术在爆破过程中通过金属射流形成初始裂隙，并在应力波的作用下扩展，从而实现定向爆破的效果。

基于上述爆破技术中遇到的问题，2001 年何满潮教授提出双向聚能拉伸爆破技术，该技术在几个国防大型复杂断面硐室成型爆破工程中取得了重大成功。

（2）物理模型试验研究现状

聚能切缝物理模拟试验可以直观地反映岩体在不同切缝参数下裂隙的演化规律，能够对不同切缝参数下岩体的稳定性进行比较，并能与数值模拟结果相互补充、相互验证。

目前，国内外学者在此方面进行了大量的研究，取得了丰富的研究成果。张鑫等通过试验研究了控制孔在定向裂隙扩展中的作用，发现控制孔的设置显著影响裂隙的传播方向。程兵等通过试验探讨了切缝装药的爆破机理，结果表明，合理的装药设计能够有效引导裂隙扩展。于斌等通过试验进一步验证了定向爆破技术在坚硬岩体中的应用效果。薛永利等通过混凝土试块试验，验证了双向多点聚能装药在混凝土中的劈裂效果。试验结果表明，炮孔之间的裂纹沿预设方向有效扩展，证实了此类装药在精确控制爆破中的应用价值。刘迪等则通过数值模拟与物理试验结合，进一步优化了聚能装药的设计，使得聚能射流在岩石中的定向劈裂效果显著提升。尤元元等通过水泥砂浆物理模型试验，验证了不同聚能张开角对预裂孔成缝效果的影响，发现张开角为 75° 时效果最佳。物理试验进一步证明了通过优化聚能装药结构可以提高爆破效率。杨帅等的试验研究则通过模拟地应力下的爆破效果，进一步探讨了地应力对煤体损伤的影响。张鑫等在研究深部高瓦斯低渗煤层的裂纹扩展规律时，进行了大量的物理试验，通过对定向聚能爆破裂纹的观察和分析，发现该技术在煤层内部产生了明显的裂纹扩展。聚能爆破能够有效地将能量集中于爆破点，促使裂纹沿预定方向扩展，并增加了煤体的渗透性。试验表明，定向聚能爆破不仅可以提高煤层的瓦斯排放效率，还能改善煤层的力学性质，减少因瓦斯积聚导致的安全隐患，验证了聚能爆破对裂纹引导和控制的有效性，证明了该技术在煤层开采中的应用前景。蒲俊州等通过在 0 ~ 5mm 炸高条件下进行聚能切割索爆破切割 20mm 厚有机玻璃板的试验，研究了炸高对爆破效果的影响。试验结果表明，最佳炸高为 0mm，随着炸高的增加，侵彻能力逐渐减弱，层裂宽度增加，断面平整度下降。数值模拟与试验结果高度一致，证明了最佳炸高下聚能切割索能够最大化其切割效果。这项试验为聚能切割技术在复杂材料中的应用提供了重要的试验依据和理论支持。王鑫等通过对锥角参数的研究，建立了 6 种锥角下的单向聚能药柱模型，测得聚能方向和非聚能方向的有效应力。研究发现，当锥角高度为 10mm 时，聚能方向上的有效应力显著高于非聚能方向，最大破坏距离达 108.1cm。试验表明，锥角参数对聚能药柱的破岩效果有显著影响，最佳锥角能够显著增强聚能效果，提高了爆破效率。

李清等以有机玻璃为模型材料，采用双切缝线射流聚能药卷，基于透射动焦散线试验对爆炸裂纹定向断裂超动态破坏力学特征进行了研究。为研究不同装药结构的爆破效应，岳中文等研究了水泥砂浆中切缝药包空气间隔装药爆破介质的动态响应，研究认为，沿主裂纹方向成缝明显（图 1-3）。Wang 等运用高压水射流切槽的定向聚能爆破技术对岩石主裂缝的动态扩展特性进行研究。杨仁树等对不同装药结构的爆破爆生裂纹动态断裂效应进行研究，对比了爆生主裂纹与次裂纹动态能量释放率的差异，从微观角度探究动载下岩石的定向断裂机理。Yue 等对有机玻璃模型在双炮孔切缝药包作用下的裂纹扩展机理进行研究，认为主裂纹（图 1-4）的动态断裂特性是由裂纹扩展路径、扩展速度和裂纹尖端应力强度因子综合决定。Onederra 等对岩体的损伤程度进行物理模拟试验，研究认为，定向控制爆破能准确地控制岩体损伤的程度和范围。针对传统煤层预裂爆破增透存在的问题，穆朝民等探讨了定向聚能爆破的聚能方向和非聚能方向的裂纹演化机制。为了更深入地研究深孔定向聚能爆破在深井高瓦斯低透气性煤层中的应用，刘健等分析了聚能方向和非聚能方向的裂缝特征、应力演化规律。Huang 等对水压定向爆破致裂的基本规律进行了研究。针对岩巷掘进爆破效率低的问题，Chen 等提出一种新型的径向切缝爆破技术，使能量利用率得到显著提高。

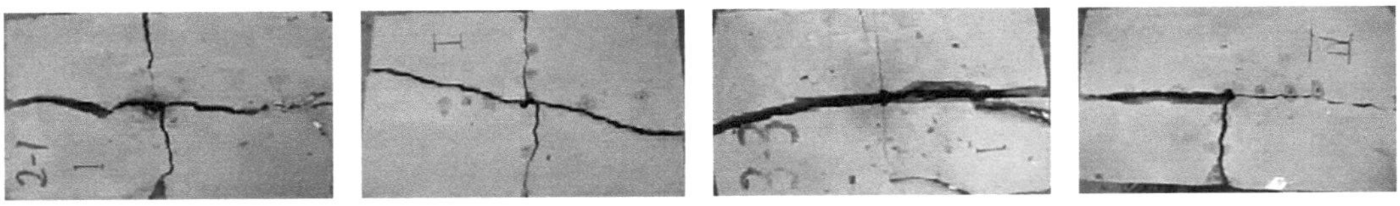

（a）连续装药　（b）空气间隔长 12.5mm　（c）空气间隔长 25mm　（d）空气间隔长 50mm

图 1-3　不同装药方式的切缝效果

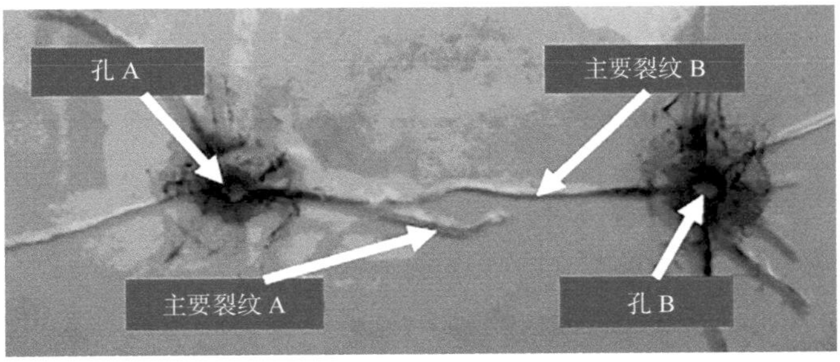

图 1-4　有机玻璃动态断裂模式

物理模型试验是解决当前研究岩土工程领域遇到的困难和问题的重要手段之一。物理模型试验有着众多优点，例如试验操作安全，数据真实可靠，试验周期短，节约试验成本，简单易行等。

熊田芳等对西安地铁二号线穿越地裂缝的区间隧道进行了几何相似比尺为 50∶1

的物理模型试验，研究了地铁隧道骑缝正交穿越地裂缝时衬砌结构与围岩相互作用的机制。研究发现，在地裂缝发生各级错动位移条件下，不同围岩应力场的围岩土压力、衬砌结构应力及其不均匀沉降位移变化规律相似；上下盘内的衬砌结构之间具有明显的错断位移，下盘内衬砌结构的沉降量越小，上盘内衬砌结构的沉降量越大，均呈渐变趋势；上盘内衬砌结构应力、围岩土压力随地裂缝错动位移的增加而减小，下盘衬砌结构应力和围岩土压力随地裂缝错动位移的增加而增大，围岩土压力和衬砌结构应力的增量峰值均发生在地裂缝附近。黄达等利用物理模型研究两种卸荷应力路径下裂隙岩体的强度、变形及破坏特征，探讨了裂隙的扩展演化规律和力学机制。卸荷条件下裂隙岩体的强度、变形破坏及裂隙扩展均受裂隙与卸荷方向夹角及裂隙间的组合关系影响；卸荷速率及初始应力场大小主要影响岩体卸荷强度及次生裂缝的数量，对裂隙扩展方式影响相对较少；卸荷条件下裂隙扩展是在卸荷差异回弹变形引起的拉应力和裂隙面剪切力增大而抗剪力减小的综合作用下的破坏，且各个应力对裂隙扩展的影响大小与裂隙的倾角密切相关。在裂隙应力和变形状态分析的基础上，采用线弹性断裂力学理论和物理模型试验研究拉剪应力状态下裂隙扩展的力学机制。韩嵩等制备了节理岩体物理模型，进行了不同入射角度的节理面超声波波速测试，发现了物理模型中节理面对超声波波速影响显著，节理面的存在可以使弹性波传播速度重新分布。陈陆望等为探讨圆形地下洞室围岩爆破坏过程与机制，通过正交试验选取合适的物理模型材料，制作的物理模型尺寸为 800mm × 800mm × 200mm（长 × 宽 × 厚），圆形洞室尺寸为 ϕ160mm，进行了物理模型试验。为模型剖面全场位移，采用网格数字摄影，并分析了在不同开挖步骤下倾斜近地表矿体地表及围岩变形陷落的规律。

随着科学技术的不断进步和发展，物理模型试验研究被广泛地应用在岩土工程领域中。但是，当下对于岩石的物理模型试验大多集中在加卸载条件下岩石裂隙的扩展方式以及裂隙岩体的强度，或是利用物理模型试验研究巷道围岩的锚固机理，而将聚能切缝技术与物理模型试验结合研究围岩爆破的研究相对缺乏。

（3）现场试验研究现状

深部岩体聚能切缝爆破的现场试验能够验证该技术在复杂地质条件下的实际应用效果，优化爆破参数，提高岩体的可控性和破碎效率，减少对周围围岩的损伤，增强巷道的稳定性。此外，现场试验还为工程实践中的爆破设计提供了数据支持，为深部地下工程的安全高效施工奠定了基础。

司晓鹏等在成庄煤矿中应用定向爆破技术进行巷道预裂，试验结果表明，定向爆破技术能够显著提高巷道的稳定性。余永强等的现场试验研究表明，定向断裂控制爆破技术在巷道掘进中效果显著，有效减少了爆破震动和对围岩的破坏。王振锋等在掘进工作面进行了水环保压聚能定向爆注的工业试验，测试结果表明，该技术在减少煤矿巷道开挖中的径向能量损失方面具有显著效果，同时有效控制了煤体内的瓦斯释放。现场数据进一步证明了聚能爆注技术的经济性与可行性。郭德勇等在煤矿的深孔聚能爆破试验中，研究了爆破对煤层裂隙增透的作用，结果表明，深孔聚能爆破能够有效提高煤层的瓦斯渗透性，极大地促进了煤层气体的排放。尤元元等也通过现场试验验证了双线型聚能药包在不同岩性条件下的预裂爆破效果，发现其优于传统爆破。段宝福等通过大量现场试验，研究了聚能预裂爆破对深孔煤层切顶的效果。试验结果显示，通过优化爆破参数和装药结构，聚能预裂爆破可以显著减少顶板压力，并提高煤层的透气性。试验结果还表明，该技术在控制顶板断裂方向和裂纹扩展方面表现出色，能够有效降低切顶过程中对巷道支护的压力。现场试验还证实了预裂爆破能够大幅提高煤层的安全性和开采效率，特别是在深部煤层中，聚能爆破对裂纹的定向控制效果尤为显著。郭东明等在煤矿爆破试验中研究了聚能管爆破参数对周边岩石的影响。现场试验结果表明，聚能管的使用能够有效减少周边岩石的破坏范围，特别是在控制爆破能量释放方面表现出色。试验中，研究人员通过调整聚能管的爆破参数，成功实现了对周边爆破效果的精确控制，并减少了爆破对非目标区域的影响。该研究通过实际爆破试验，进一步证明了聚能管在高精度岩石爆破中的应用价值，尤其是在需要保护周边结构的情况下。周庆宏等在岩巷掘进中进行了双向聚能爆破技术的应用研究，试验结果表明，双向聚能爆破能够显著提高掘进效率，尤其是在高应力煤岩体中表现出良好的控制裂纹扩展效果。通过现场试验，验证了该技术在实际煤矿作业中的实用性，并为未来岩巷掘进中的广泛应用提供了坚实的技术基础

目前的聚能爆破现场试验虽然取得了显著进展，但仍然存在一些不足。首先，试验条件的局限性是一个显著问题。大多数试验是在特定地质条件下进行，难以涵盖其他复杂地质环境的多样性。双向聚能爆破在岩巷掘进中表现良好，但在其他高应力或高瓦斯的复杂环境中尚需进一步验证其效果。这导致技术应用的广泛性和适应性受到一定限制。其次，爆破参数的优化仍不充分。许多现场试验未能充分考虑不同岩石种类、应力状态和施工环境的影响，缺乏系统的参数优化过程。此类优化不足可能导致在不同条件下的效果不稳定。另外，裂隙扩展过程的实时监测也是目前的不足之一。大多数试验依赖事后观察或间接推断裂隙扩展路径，缺乏实时动态的监测手段，这对裂隙的精确控制和预测造成了限制。现场试验往往难以全面了解爆破对周围岩体的实际影响，尤其是在长时间和大范围内的裂隙扩展及其对矿井或巷道稳定性的影响。最后，虽然现有试验多集中在短期爆破效果上，但对爆破后的长期稳定性缺乏研究。裂隙的长期扩展可能影响巷道的整体稳定性，而现有试验尚未充分评估这些长期风险。因此，未来的研究应更加关注爆破后的长期效果评估、动态监测技术的引入，以及更多地质条件下的适应性测试。

1.2.3 聚能切缝数值模拟研究

数值模拟计算可通过对比性设计和较为精细的全过程观测和量测，可解决现场试验工作持续时间长、费用高等问题，避免具有复杂性和较多难以控制因素的干扰，已成为研究聚能切缝爆破裂隙扩展机理不可或缺的途径。何满潮按照聚能方式和受力特点，对聚能切缝爆破技术发展分为点状聚能、线状聚能和双向点条状聚能三个阶段。国内外学者在此方面开展了大量的研究工作。玛（Ma）等基于 Johnson-Holmquist（JH）本构模型，对切缝药包爆破致裂扩展过程进行数值模拟研究，分析了聚能管切缝方向和切缝数量（图 1-5）对裂隙扩展的规律。

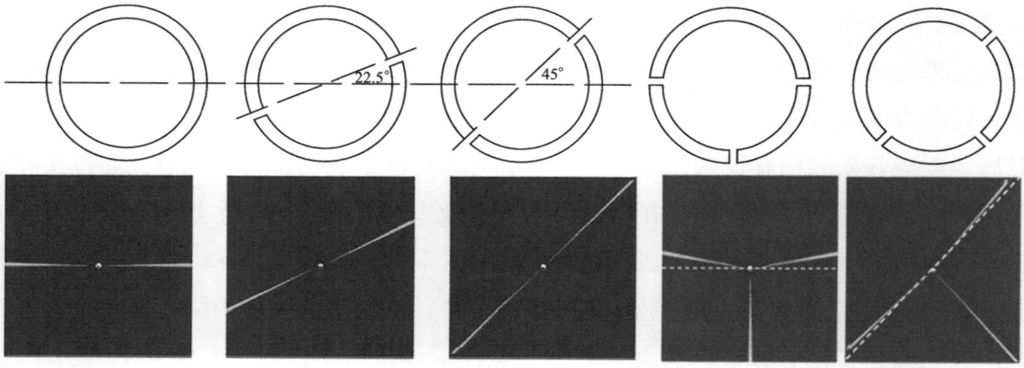

图 1-5 不同切缝方向和切缝数量下裂隙扩展

为揭示聚能管装药爆破的细观机理，杨仁树等对聚能管预裂爆破进行三维数值模拟研究，验证了切缝管对能量沿切缝的汇聚作用以及对垂直切缝方向孔壁的保护作用。Kang 等提出一种高压水射流切槽的定向聚能护壁爆破方法。康勇等对高压水射流切槽定向聚能爆破的过程进行数值计算，分析了裂纹扩展的规律，但裂纹扩展模型只考虑爆生气体准静态压力作用，没有建立三维冲击波传播模型。郭德勇等对煤体致裂过程进行模拟，研究聚能爆破作用下煤体力学行为、裂隙扩展机理及应力变化规律，指出聚能效应导致煤体力学性质在聚能方向发生显著变化，聚能方向裂隙扩张半径明显大于非聚能方向。

胡斌等基于数值模拟方法分析了定向爆破在滑坡体拆除中的应用，揭示了定向爆破对岩体裂隙扩展的影响。王雁冰等通过数值模拟研究了切缝药包爆破的机理，提出了优化的爆破参数配置方案。刘迪等通过数值模拟分析了不同形状金属射流对岩石劈裂效果的影响，得出了最佳的射流形态与炸药配置方案。通过模拟，研究者发现长径比为 1∶3 的楔形射流在岩石中的劈裂效果最佳。通过将数值模拟与试验数据对比，验证了数值模拟结果的准确性。林金山等通过 ANSYS/LS-DYNA 软件进行的数值模拟分析，验证了聚能爆破在减少隧道施工中超挖现象的有效性。通过与传统爆破对比，研究者证明了聚能爆破能够显著降低围岩的破坏程度。吴波等则使用 SPH 方法研究了聚能药包的数值模拟，分析了外壳厚度对聚能射流形成的影响，进一步优化了药包设计。刘迪等基于聚能射流的数值模拟研究，提出了一种新的聚能装药设计，能够在定向劈裂岩石时提高能量的利用效率。通过数值模拟分析，研究者验证了金属杆射流在岩石定向劈裂中的关键作用。试验表明，射流冲击下的岩石裂纹沿预定切槽方向快速扩展，形成了良好的劈裂效果。该研究通过模拟不同的炸药配置，优化了聚能装药的设计，使得爆破能量能够更精确地集中在岩石断裂面上，从而提高了爆破效果，缩小了岩石的破坏范围和不必要的能量损耗。赵志鹏等通过数值模拟和试验结合，研究了双向聚能爆破在沿空留巷技术中的应用。模拟结果显示，双向聚能爆破能够有效控制裂纹扩展，并形成贯通裂缝，从而提高煤层的开采效率。模拟还表明，当炮孔间距为 500mm 时，裂纹扩展效果最佳，能够实现定向断裂和切顶的最佳效果。这一研究为聚能爆破在煤矿顶板切顶中的应用提供了理论支持，同时验证了通过调整爆破参数来优化裂纹扩展和顶板控制的可行性。李万全等研究了聚能切割技术在爆破片中的应用，并设计了一种能够精准控制爆破压力的聚能切割装置。通过 ANSYS/LS-DYNA 软件进行数值模拟，试验结果表明，聚能切割装置能够在设定压力下有效切割爆破片，实现了在爆破片未达到设定压力时的提前切割与控制。该物理试验进一步表明，聚能切割技术可以有效缩短爆破片打开的时间，并增大爆破片的开口面积，确保压力的快速释放。这项研究为聚能技术在化工和其他高危领域中的应用提供了重要试验依据。周阳威等通过 SPH-FEM 耦合算法，构建了环向切缝管爆破模型，模拟了爆轰产物的粒子运动及岩体损伤过程。数值模拟结果表明，环向切缝管的气隙聚能效应能够有效调制爆轰波的波形，并通过切缝的狭缝控制爆炸能量的定向释放。这一模拟验证了切缝管在隧道掘进和矿山井巷掘进中的有效应用，增强了聚能效应，显著提高了炸药的能量利用率。该研究为环向切缝管技术的进一步应用提供了理论基础。王静等通过数值仿真与试验结合，优化了锥形聚能装药的设计参数，并验证了其在岩石控界切割中的效果。试验结果表明，优化后的锥形罩聚能装药在形成高能射流后能够有效引导岩石裂缝的扩展，形成平直裂纹，且能量利用率较高。这项研究展示了多点锥形罩聚能装药在精细化边界控制爆破中的应用潜力，提供了在核岛、矿山及地下工程中进行控界切割的新方法。张文明等通过非线性动力模拟软件 ANSYS/LS-DYNA 建立了圆弧形聚能装药的数值模型，研究了不同装药结构下的聚能爆破效果。研究结果表明，聚能穴内边缘至管中心距离为 12mm 时，聚能效果最佳，能够有效引导裂纹扩展，并显著提高爆破效率。这一模拟研究为实际煤矿岩巷掘进中的高效破岩提供了重要参考。吴波等基于 SPH-FEM

耦合方法进行了椭圆双极线性聚能水压爆破的数值模拟研究，分析了聚能爆破对岩体的损伤机制。模拟结果显示，双极线性聚能装药能够显著提高爆破能量的利用率，并优化岩体裂隙的扩展过程，验证了该技术在水下爆破中的应用潜力。

Aliabadian 等对爆破荷载作用下岩体的裂隙扩展规律进行模拟（图 1-6）。为再现岩体爆破过程中的动力响应，Hu 等发展了 SPH-DAM-FEM 耦合算法，对岩体切缝爆破过程进行数值模拟。秦健飞对双聚能预裂与光面爆破综合技术进行了系统阐述，并对其进行了数值模拟与试验研究。Chen 等分析了爆破扰动效应对深埋隧洞围岩破坏分区的影响。

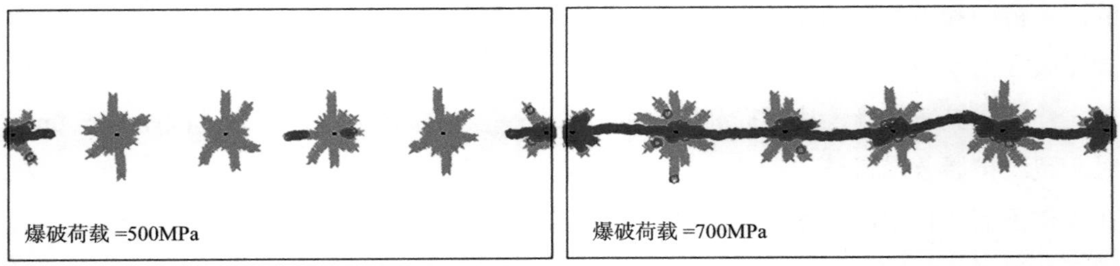

图 1-6　不同爆破荷载下岩体聚能爆破裂纹扩展

1.3　主要研究内容与技术路线

1.3.1　主要研究内容

切顶卸压自动成巷无煤柱开采技术采用爆破方式，在回采巷道沿将要形成采空区侧定向预裂顶板工作煤层开采后，顶板沿预裂切缝自动切落形成巷帮。聚能切缝在巷道顶板位置，依托工程的巷道顶板基本板为细、粉砂岩，直接板为泥岩。基于切顶卸压自动成巷无煤柱开采技术，主要研究双向聚能冲击荷载下深部层状岩体裂隙扩展机理。

（1）双向聚能冲击荷载下深部层状岩体破坏特性试验研究

以深部层状砂岩为研究对象，利用岩土体动态力学冲击试验系统研究双向聚能冲击荷载下深部层状砂岩的力学特性；研究层状岩体破坏特性的应变率效应；研究深部层状砂岩的能量耗散规律。

（2）高地应力层状岩体双向聚能切缝裂隙演化试验研究

以深部巷道顶板泥岩为研究对象，研究岩体在双向聚能切缝下围岩的应变变化和裂隙分区及裂隙范围。

1.3.2 技术路线

本书采取“查阅相关文献—提出科学问题—进行问题假设—试验—理论分析—形成理论模型”的技术路线（图 1-7）。

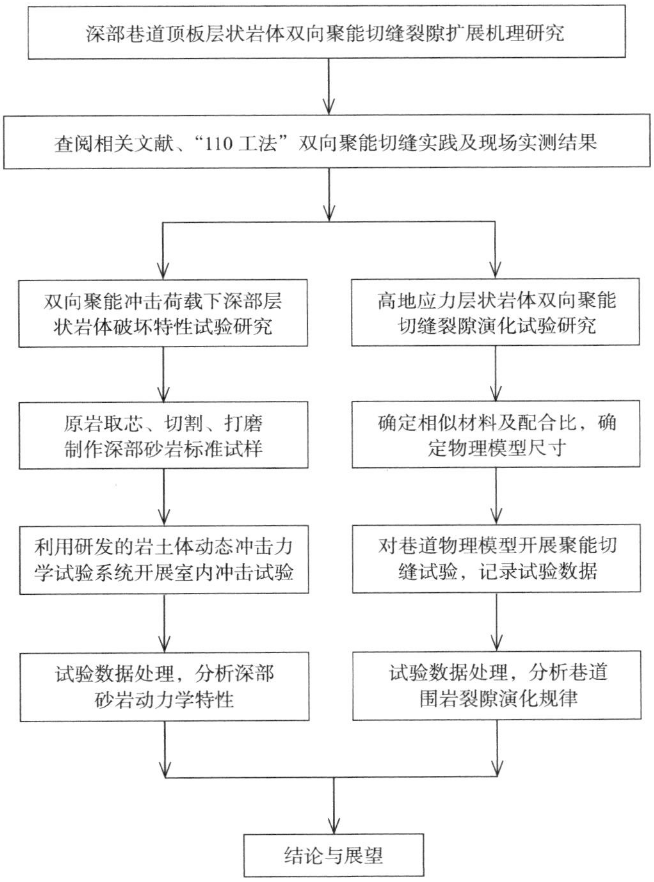

图 1-7 技术路线

1.4 本章小结

本章内容源于国家自然科学基金项目：深部巷道顶板层状岩体双向聚能切缝裂隙扩展机理研究。研究结果对于完善岩石动力学理论体系起到推动的作用，同时研究结果将为更多的岩体工程实践提供指导意义，为工程建设施工设计提供安全保障，对深部煤矿资源开发的顺利进行具有重要意义。

02

第 2 章

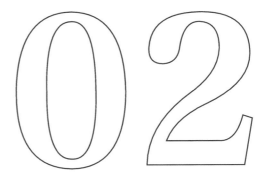

双向聚能冲击荷载下层状岩体裂隙扩展基本理论

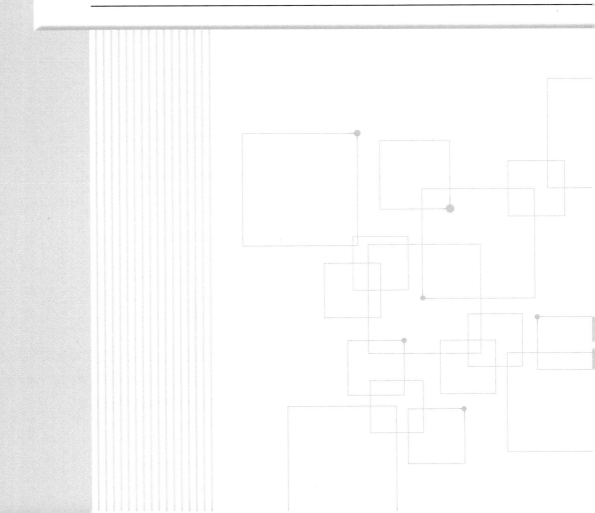

2.1 深部岩体的变形破坏特征

2.1.1 岩石的脆性—延性转化

不同围压下岩石所表现出的峰后特性是不同的，围压较低时，岩石表现为脆性；围压较高时，岩石表现为延性。当围压不断增大时，表现为脆性的岩石也可以表现为延性。国外学者针对岩石变形特性的研究，在不同围压条件下，对大理岩进行了压缩试验，得到了从低围压到高围压条件下，岩石变形特性可由脆性向延性转化，岩石强度与其脆性—延性转化之间存在着紧密的联系。如图 2-1 所示，在不同围压水平下，岩石被破坏时所表现出不同的应变值，岩石呈脆性破坏时，其过程通常不伴有或仅伴有少量的永久变形或塑性变形。岩石呈延性破坏时，永久应变通常较大，因此有学者建议使用岩石破坏时的应变值来判别岩石是否发生脆性—延性转化。

一般认为岩石发生脆性—延性转化时，岩石破坏应变值达到 3% ~ 5%。从应力和强度的角度看，脆性—延性转化条件为：

$$\sigma_1/\sigma_3=3-5.5 \tag{2-1}$$

$$\sigma_c/\sigma_3=0.5-1.25 \tag{2-2}$$

式中 σ_1、σ_3——分别表示最大、最小主应力；

σ_c——岩石单轴抗压强度。

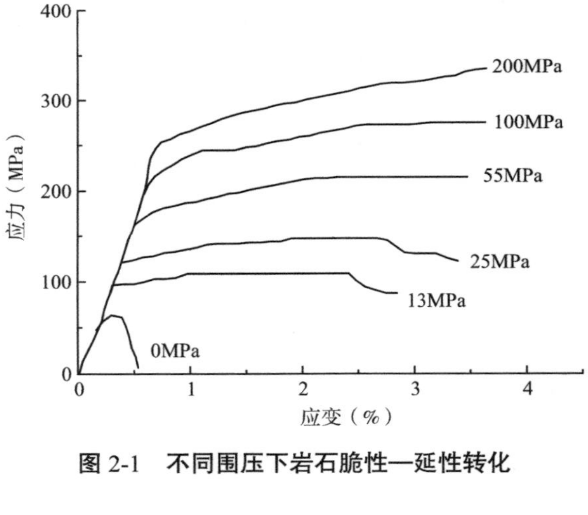

图 2-1 不同围压下岩石脆性—延性转化

Kwasniewski 深入研究了岩石的脆性—延性转化规律、脆性—延性转化临界条件和脆性—延性转化过程中的过渡态性质。认为岩石过渡态中同时具有脆性破坏和延性破坏两种破坏特征，给出了砂岩脆性态与过渡态之间的边界线的经验关系：

$$\sigma_1-\sigma_3=3.5P \tag{2-3}$$

式中 P——假三轴试验的侧向压力。

在地壳岩石圈动力学中脆性—延性转化临界条件指出：随着深度不断增加，达到一定的压力和温度时，岩石即发生脆性—延性转化，岩体发生脆性—延性转化时不仅与转化深度有关，还与岩石性质有关。确定转化深度可以依据摩擦强度与蠕变强度，当二者相等时岩石即进入延性变形状态。同时，在脆性—延性转化过程中存在着很高的应力释放。

总之，岩石只有在高围压下才会表现出脆性—延性转化变形，浅部岩石在低围压下遭破坏时几乎没有永久变形，深部岩石在高围压下遭破坏时则会出现较大的塑性变形。

2.1.2 岩石的流变特性

岩石自身性质、温度和最大主应力差（$\sigma_1-\sigma_3$）决定了岩石流变特性。岩石在高应力环境下具有更强的时间效应，表现出明显的流变或蠕变。目前，岩石流变特性研究主要集中在高温、高压条件下的试验研究和现场研究两个方面。

在矿采实际工程中，一般认为流变不会发生在优质硬岩身上，但随着开采深度不断加大，情况也变得与以往不同，时间效应同样会出现在深部环境下的硬岩。对于泥岩巷道，有一个非常简单的参数来衡量巷道围压流变性，岩石的承载因子 c 是衡量巷道围压流变性的简单参数：

$$c=\frac{\sigma_c}{\rho g h} \tag{2-4}$$

式中 σ_c——岩石单轴抗压强度；

ρ——上覆岩层平均密度；

g——重力加速度；

h——巷道埋深。

大量调查研究发现，c 小于 2 时，巷道、围岩均发生了明显的流变，泥岩、页岩、粉砂岩等典型泥岩均满足该结论，目前还没有相关定论证明是否适用于深部硬岩。

2.2 冲击荷载下深部岩体动力学特性

动荷载作用下将岩石中的能量耗散规律与损伤力学理论相结合，从能量作用密度的角度给出了适合损伤阶段的动态疲劳损伤累积迭代计算公式：

$$\frac{D_n-D_{n-1}}{D_f-D_{n-1}}=\left(\frac{\tilde{A}-A_{n0}}{A_{n1}-A_{n0}}\right)^{\beta} \tag{2-5}$$

式中　$\tilde{A}=A\sqrt{1-D_{n-1}}$——能量作用密度系数；

$A_{n0}=\alpha\sqrt{1-D_{n-1}}$——第 n 次加载时最小的能量作用密度门槛值，α 分别等于 0. 69、1、0.66 时对应的加载波分别为矩形波、指数衰减波和钟形波；

$A_{n1}=\pi\sqrt{1-D_{n-1}}$——第 n 次加载时最大的能量作用密度门槛值,其中 π 为材料常数。

损伤参量的抽象分形从损伤的实质物理意义出发，在岩石的破碎阶段也推广了损伤定律，分形损伤用损伤插值分形来表示，得出的分形损伤与块度的迭代关系式，由此把应力波作用下的疲劳损伤迭代关系式应用到岩石的破坏后阶段，从而得出冲击能量、岩石损伤、块度分布之间的关系：

$$D_{n-1}=1+\frac{A(N-n)\ln(D_n+D_s)}{\ln(N-n)} \tag{2-6}$$

式中　D_n——最后一级粉碎，一般取 1；

D_s——相似损伤值；

N——在平均粒度基础上岩石破坏后粉碎的总碎块数；

n——不同粉碎阶段时的碎块数，初始迭代值等于 $N-2$；

A——损伤参数，取值范围 0 ~ 1。

能量耗散规律与脆性动态断裂准则指出，加载能量完全不参与裂纹扩展时，加载能量小于某一门槛值，加载能量的耗散为无用耗散，不会产生损伤；岩石动态破坏时，加载能量达到动态断裂准则，岩石损伤值为 1，大约 15% 为无用耗散能量；加载能量不断增加，岩石不断吸能，破碎的岩石尺寸越来越小，损伤有效范围不再适用，此时引用了块度分布的概念来量测。

损伤在 0 ~ 1 的范围之内时，表明加载能量处在两个门槛值之间，改写已得应力波作用下疲劳损伤的迭代关系式为：

$$\frac{D_n-D_{n-1}}{D_f-D_{n-1}}=\left(\frac{E_I-E_{n0}}{E_{n1}-E_{n0}}\right)^{\beta} \tag{2-7}$$

式中　D_n、D_{n-1}——分别表示第 n 次、第 $n-1$ 次加载时岩石的损伤；

D_f——岩石完全破坏时的损伤；

E_I——单次加载能量作用密度；

E_{n0}、E_{n1}——分别为第 n 次加载能量作用密度的下限门槛值和上限门槛值；

β——材料常数，与加载延时有关。

从损伤的实质物理意义来看，加载能量作用密度大于动态断裂准则时，损伤值大于 1，能够反映岩石破碎后粉碎阶段的耗能情况的推广表达式为：

$$D=\left(\frac{E_I-E_0}{E_1-E_0}\right)^{\beta}\left(D_f-D_0\right)+D_0 \tag{2-8}$$

岩石破坏后粉碎阶段的损伤分形特性揭示了总体损伤与块度分布的关系，从而可以得到加载能量、岩石损伤以及块度分布之间的关系，能够定量分析岩石破碎过程中的耗能情况，联系岩石耗能的细观机理与宏观参量可以进一步了解其耗能规律。

2.3 双向聚能冲击荷载下深部岩体裂隙扩展力学模型

2.3.1 双向聚能拉伸爆破技术

双向聚能拉伸爆破是一种岩石定向断裂爆破技术，它结合了传统光面爆破和聚能爆破技术的优点并弥补其不足。双向聚能拉伸爆破技术按一定角度在两个设定方向设有聚能效应的聚能装置，然后装入指定规格药包起爆，起爆后炮孔壁在设定方向上集中拉伸，非设定方向上均匀受压，岩体按照预设方向拉裂成型。

双向聚能拉伸爆破利用了岩石这种抗压能力强但抗拉能力弱的特性，使用拉应力来断裂岩体。因此，对高强度岩体的定向断裂爆破尤为实用。双向聚能拉伸爆破技术特点如下：

（1）施工工艺简单，操作方便可行。施工时，不需要改变凿眼方式，只需要在控制方向的炮孔预先放入双向聚能装置，然后装药爆破，且并不影响施工流程。因为适当增加了炮眼间的距离，减少了炮孔的数量，在实际岩石工程中更为实用。

（2）利用岩体抗拉强度低的特性，使用较少的能量便可完成爆破断裂，减小能量浪费，提高能量利用率。

（3）施工进度快。炮眼利用率高，成型快，土石方少，支护工程量少。

（4）因为爆破振动影响的范围小，对围岩损伤小，对后续围岩保持完整性及支护提供了保障。

（5）社会效益、经济效益显著。可以实现高强岩体复杂断面一次成型爆破。

2.3.2 双向聚能拉伸爆破机理

双向聚能拉伸爆破是通过双向聚能装置的聚能效应来实现岩石的定向断裂。为了使聚能方向与断裂方向一致，装药时，在双向聚能装置中装入按设计装药结构的药卷，然后将双向聚能装置装入炮孔并封堵炮眼。当炸药引爆后，爆轰产物受到双向聚能装置带来的瞬时抑制和导向作用。卸压空间由线性分布的两排聚能孔提供，爆轰产物从聚能孔释放的瞬间，会在聚能孔处形成高能流，集中作用于对应的聚能孔壁，从而达到控制径向初始裂纹方向的目的。优先从聚能孔释放的是爆轰产生的高温、高压和高速气体，使径向初始裂缝优先发育，之后便会在裂缝中产生“气楔”。在“气楔”强有力的作用下，裂纹会渐渐失稳，又在力的作用下驱动裂纹扩展。裂纹扩展后，便会不断地形成新的自由面，应力波便可以在新的自由面上产生反射拉应力集中。集中的拉应力作用在裂纹的垂直方向上，加速裂纹沿着预设方向的发展。炮孔中炸药产生的能量耗散完毕之前，不断重复上述过程，促使裂纹不断发育，最终使岩体沿着预设方向拉裂张开。

在非聚能方向上，双向聚能装置的管壁在爆轰瞬间能够起到抑制缓冲的作用，而且聚能孔起到了优先卸压的作用，使炮孔内应力作用急剧消散，聚能孔壁因应力波的破坏也极大减少，从而做到保护非预设方向岩体的整体性和稳定性，抑制裂纹的发展。炮眼间叠加的应力场会在多个放有双向聚能装置装药的炮孔同时起爆时产生，炮眼间拉张应力会因此加大，当大于岩体抗拉强度时，岩体便会被拉伸断裂。通过精准控制炮孔间距离，使相邻裂缝相互贯通，光滑地定向控制爆破，断裂面便会形成，爆破就能被精准控制。

2.3.3　双向聚能拉伸爆破力学模型

爆破开始后，在炮孔中的双向聚能装置的导向作用下，“能量流”因爆轰产物优先从聚能孔卸压释放并在孔口处形成。在设定方向产生集中拉应力，非设定方向产生均匀压力，对岩体局部产生聚能压力作用，炮孔围岩也会受到拉张作用。双向聚能爆破力学模型，如图 2-2 所示。

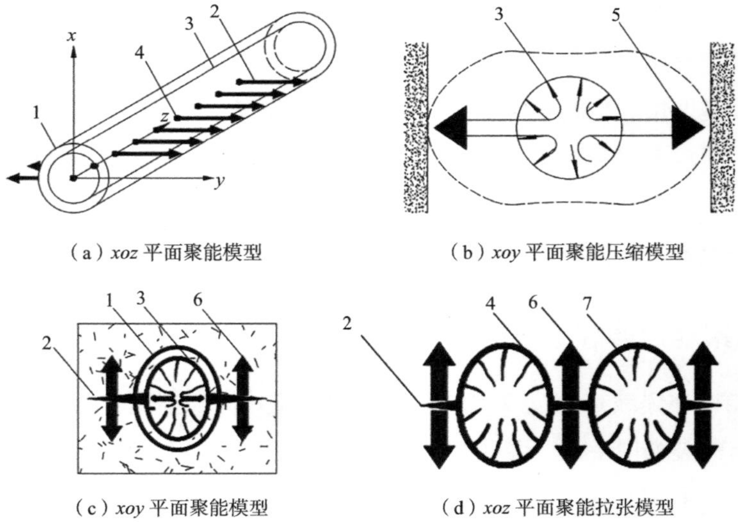

图 2-2　双向聚能爆破力学模型

1—炮孔；2—能量流；3—聚能装置；4—聚能孔；5—压缩作用；6—拉张作用；7—爆轰产物

03

第 3 章

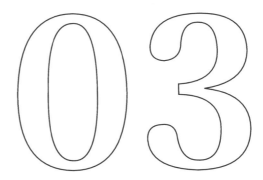

双向聚能冲击荷载下深部层状岩体破坏特性试验研究

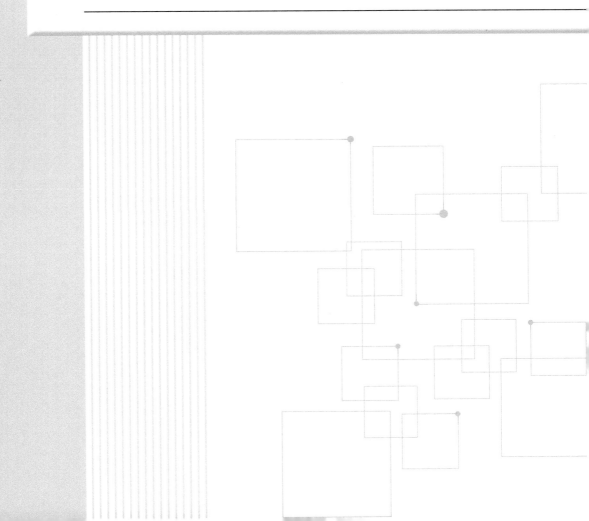

3.1 层状岩体动态冲击基本理论

3.1.1 引言

随着深部岩体研究的不断深入，各种爆炸和动态载荷作用下岩体力学特性问题纷至沓来。大量研究结果表明，深部砂岩在爆炸和冲击载荷作用下的动力学特性与静荷载作用下的力学特性有着明显的不同，静态力学问题相对简单，而动态力学则复杂得多。研究在冲击荷载作用下深部砂岩的动力学特性对科学技术研究和实际岩土工程大有裨益。

3.1.2 两个基本假定

SHPB 试验可行性的基础是一维应力波假定和应力均匀性假定，为了实现一维应力波假定的条件，三类冲击杆件宜选取相同材料，以保证各向同性和均匀性，试验试样的形状可根据 SHPB 装置应用范围和加载条件的要求，由机器加工确保精确。一维应力波假定即平面假定认为，当应力波在杆件中来回传递时，传递截面处于理想平面状态。因此，材料的应力、应变和应变率都可以通过一维应力波理论计算得出。三波法计算公式为：

$$\dot{\varepsilon}=\frac{C_0}{L_s}\left[\varepsilon_i(t)-\varepsilon_r(t)-\varepsilon_t(t)\right] \tag{3-1}$$

$$\varepsilon=\frac{C_0}{L_s}\int_0^t\left[\varepsilon_i(t)-\varepsilon_r(t)-\varepsilon_t(t)\right]\mathrm{d}t \tag{3-2}$$

$$\sigma=\frac{A_0}{2L_s}E_0\left[\varepsilon_i(t)+\varepsilon_r(t)+\varepsilon_t(t)\right] \tag{3-3}$$

式中 E_0、C_0——分别表示压杆的弹性模量和一维弹性波波速；

$\varepsilon_i(t)$、$\varepsilon_r(t)$、$\varepsilon_t(t)$——分别表示入射波、反射波、透射波；

A_0——压杆的横截面面积；

A_s、L_s——分别为试件原始横截面面积和长度；

根据各向同性规律可得二波法计算公式为：

$$\sigma=\frac{A_0}{2L_s}E_0\left[\varepsilon_i(t)+\varepsilon_r(t)+\varepsilon_t\ \ t\ \right] \tag{3-4}$$

$$\dot{\varepsilon}=-\frac{2C_0}{L_s}\varepsilon_r(t) \tag{3-5}$$

$$\varepsilon=-\frac{2C_0}{L_s}\int_0^t\varepsilon_r(t)\mathrm{d}t \tag{3-6}$$

$$\sigma=\frac{A_0}{A_s}E_0\varepsilon_t(t) \tag{3-7}$$

根据一维弹性应力波理论进一步推导出应变、应力和冲击速度三者之间的关系：

$$\sigma_1=\sigma(x_1,t)=\sigma_i(x_1,t)+\sigma_r(x_1,t)=E\left[\varepsilon_i(x_1,t)-\varepsilon_r(x_1,t)\right] \tag{3-8}$$

$$\sigma_2=\sigma(x_2,t)=\sigma_t(x_2,t)=E\varepsilon_t(x_2,t) \tag{3-9}$$

$$v_1=v(x_1,t)=v_i(x_1,t)+v_r(x_1,t)=C_0\left[\varepsilon_i(x_1,t)-\varepsilon_r(x_1,t)\right] \tag{3-10}$$

$$v_2=v(x_2,t)=v_t(x_2,t)=C_0\varepsilon_t(x_2,t) \tag{3-11}$$

由均匀性假定可知，杆件内部的波形图处处相等，弹性波在一维应力杆件中传播时无畸变，入射应变信号 ε_i（x_a，t）和反射应变信号 ε_r（x_a，t）可以通过入射杆表面 x_a 处的应变片 a 测得，界面 x_1 处的入射应变波 ε_i（x_1，t）和反射应变波 ε_r（x_1，t）便可以表示出来；同理，透射杆 x_b 处的应变片 b 所测得的透射应变信号 ε_t（x_b，t）就可以表示界面 x_2 处的透射应变波 ε_t（x_2，t）。通过应变片 a 和 b 记录的波形信号就能够计算出试样的动态应力 σ_s（t）、应变率 $\dot{\varepsilon}_s$（t）和动态应变 ε_s（t）：

$$\sigma_s(t)=\frac{AE}{2A_S}\left[\varepsilon_i(x_a,t)+\varepsilon_r(x_a,t)+\varepsilon_t(x_b,t)\right] \tag{3-12}$$

$$\dot{\varepsilon}_s(t)=\frac{C_0}{L_s}\left[\varepsilon_t(x_b,t)-\varepsilon_i(x_a,t)+\varepsilon_r(x_b,t)\right] \tag{3-13}$$

$$\varepsilon_s(t)=\frac{C_0}{L_s}\int_0^t\left[\varepsilon_t(x_b,t)-\varepsilon_i(x_a,t)+\varepsilon_r(x_b,t)\right]\mathrm{d}t \tag{3-14}$$

应力波假定指出 $\sigma_1=\sigma_2$，即试样应力—应变沿长度方向均匀分布，因此可以推导出：

$$\sigma_i+\sigma_r=\sigma_t \tag{3-15}$$

$$\varepsilon_i+\varepsilon_r=\varepsilon_t \tag{3-16}$$

式（3-12）~式（3-14）可以简化为：

$$\sigma(t)=\frac{AE}{A_s}\varepsilon_t(x_2,t) \tag{3-17}$$

$$\varepsilon(t)=-\frac{2C_0}{L_s}\int_0^t\varepsilon_r(x_1,t)\mathrm{d}t \tag{3-18}$$

$$\varepsilon(t)=-\frac{2C_0}{L_s}\varepsilon_r(x_1,t) \tag{3-19}$$

式中 E——压杆的弹性模量；

A——压杆的横截面面积；

C_0——压杆纵波波速，且$C_0=\sqrt{E/\rho}$；

A_s——试样的横截面面积；

L_s——试样高度；

t——应力波持续时间。

根据式（3-15）~ 式（3-19）就可以得到材料的应力—应变关系曲线及其他相关数据。

3.1.3 试验原理

基于 SHPB 的岩土体动态冲击力学试验系统采用的杆件均为弹性杆件，在受到围压、轴压、渗透水压和温度耦合的三维静载作用下，入射杆与透射杆中仍然受一维应力作用，符合一维应力波理论。采用二波法，深部砂岩的应力、应变率和应变计算公式如下：

$$\sigma=\frac{A_0(\sigma_i+\sigma_r+\sigma_t)}{2A} \tag{3-20}$$

$$\dot{\varepsilon}=\frac{1}{\rho vl}(\sigma_i-\sigma_r-\sigma_t) \tag{3-21}$$

$$\varepsilon=\frac{1}{\rho vl}\int_0^t(\sigma_i-\sigma_r-\sigma_t) \tag{3-22}$$

式中　σ_i、σ_r、σ_t分别为入射波、反射波和透射波应力；

A_0——入射杆、透射杆截面面积；

A——试样截面面积；

ρ——入射杆、透射杆密度；

v——纵波传播速度；

l——试样高度。

根据式（3-24）与式（3-26）消去时间t，得到应力—应变关系曲线。

根据能量守恒定律，在材料冲击过程中，各项能量的计算公式为：

$$E_r=\frac{A}{C_0\rho_s}\int_0^t\sigma_r^2(t)\,dt \tag{3-23}$$

$$E_t=\frac{A}{C_0\rho_s}\int_0^t\sigma_r^2(t)\,dt \tag{3-24}$$

$$E_a=E_i-E_r-E_t \tag{3-25}$$

$$E_v=\frac{E_a}{V_s} \tag{3-26}$$

式中 E_i、E_r、E_t——分别为入射能、反射能和透射能；

E_a、E_v——分别表示冲击时间内试样吸收总能量和单位体积吸收能；

V_s——试样的体积。

在冲击气压的作用下，冲击杆（子弹）以一定的速度撞击入射杆件一端并产生一个动态应力波，应力波在入射杆件中传递到与入射杆另一端面紧密接触的岩石试样，透过岩石试样，应力波一部分进入透射杆件形成投射波，另外一部分因为反射形成反射波。

在子弹冲击入射杆端面处放置激光测速仪，可测量出不同冲击气压下子弹撞击入射杆的速度。在入射杆和投射杆中间各自贴有的动态应变片可以记录波形信号，将波形信号传输到计算机软件 DATALAB 中，再通过霍普金森压杆 ALT-1000 计算出应力、应变、应变率等。最后，通过办公软件 Excel、Origin 画出应力—应变等关系曲线图和分析曲线，得到试验规律与结论。

3.2 岩土体动态冲击力学试验系统研发

本书所用的岩土体动态冲击力学试验系统由浙江科技大学提供，其是基于霍普金森压杆技术自主研发而成，该系统压杆直径为 100mm，具有三轴热—水—力耦合系统，可以模拟深部岩石处于高地应力、高地温、高渗透水压和多水平扰动耦合条件下的深部复杂赋存地质环境，开展进行的不同围压、轴压、水压、冲击气压及温度条件下的动态特性试验研究，岩土体动态冲击力学试验系统简图，如图 3-1 所示。

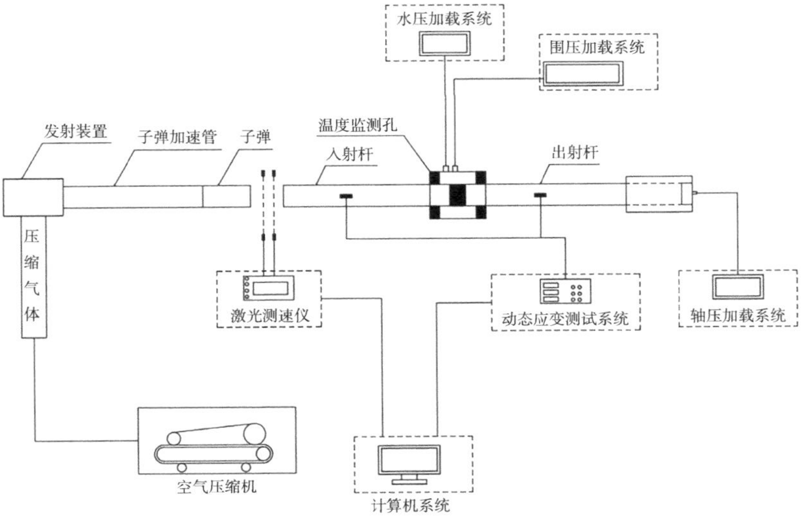

图 3-1 试验装置简图

岩土体动态冲击力学试验系统实物图，如图 3-2 所示。

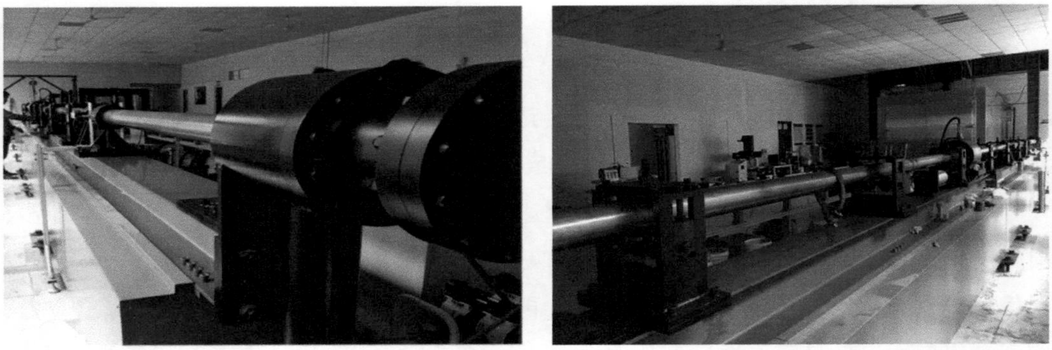

图 3-2 岩土体动态冲击力学试验系统

岩土体动态冲击力学试验系统能够主动施加围压及控制温度，该系统主要由主体结构、加载系统、测试系统、计算机系统及操纵台组成。

3.2.1 主体结构

岩土体动态冲击力学试验系统的主体结构由入射杆、透射杆、冲击杆（子弹）、子弹加速管、三轴热—水—力耦合系统及温控装置、空气压缩舱、底座及其调整支架组成。弹性压杆尺寸和物理力学参数，见表 3-1、表 3-2。

弹性压杆尺寸参数　　表 3-1

弹性压杆	入射杆	透射杆	冲击杆	子弹加速管
直径（mm）	100	100	100	100
长度（m）	5.0	4.0	0.6	2.5

弹性压杆物理力学参数　　表 3-2

参数名称	密度（kg/m^3）	泊松比	杆波速（m/s）	弹性模量（GPa）
数值	7.80	0.286	5100	238

冲击杆（子弹）的类型有许多，常见的有圆柱形、锥形以及纺锤形，根据试验需要，选用直径 100mm，长度 600mm 的圆柱体子弹（图 3-3）。子弹在冲击气压的推动下，经由子弹加速管加速后撞击入射杆，子弹的速度取决于冲击气压的大小与子弹加速管的长度。

图 3-3　圆柱体子弹

三轴热—水—力耦合系统可以实现对岩石试样施加围压，通过液压压力向三轴热—水—力耦合系统内注水达到控制水压的目的。在三轴热—水—力耦合系统内还设有加热腔，通过系统外壁的热电偶插入孔插入电阻丝，最后通过温度控制系统调节温度。三轴热—水—力耦合系统，如图 3-4 所示。

图 3-4　三轴热—水—力耦合系统

试验中推动子弹的冲击气压由高度压缩的空气提供，通过空气压缩机将空气压缩在空气压缩舱内备用。空气压缩舱能存储的最大空气压力为 10MPa，设置的最大安全气压为 4MPa。

3.2.2 热—水—力耦合加载系统

系统由围压液压系统、轴压液压系统、渗透水压加载系统和温度控制系统组成。围压液压机通过液压向三轴热—水—力耦合系统内岩石试样外圈的橡胶圈施加压力，形成试验所需的围压。能施加的最大安全围压为 60MPa。轴压液压机是通过控制透射杆的移动对试样施加轴压，透射杆向试样方向移动时施加轴压，反之卸载轴压，能施加的最大安全轴压为 60MPa。水压加载系统通过油压液压机将水箱内的水压入三周加载器内，达到控制渗透水压的目的，能施加的最大渗透水压为 45MPa。温度控制系统可以加热三轴热—水—力耦合系统内的水，实时监测控制加载器内的温度，试验装置能达到的最高温度为 100℃。

3.2.3 激光测速系统

为了测量子弹撞击入射杆件的瞬时速度，采用 Impact Lab 激光测速仪进行测速。激光测速仪采用激光测速的原理，即当两束激光的物理距离确定的情况下，通过测量子弹冲击时经过两束激光所用的时间，就可以测得子弹的冲击速度。采用激光测速仪测量的速度精确可靠，对于后面的试验数据的处理提供了保障。激光测速仪，如图 3-5 所示。

3.2.4 数据采集系统

数据采集系统包括：超动态应变仪、动态测试分析仪和半导体应变片。

试验系统采用的超动态应变仪是由北京阿基米德工业科技有限公司生产提供。该应变仪采集信号的频率范围为 0 ~ 1MHz，主要用于冲击或爆破条件下的动态应变的采集，是试验采集信号的主要仪器。超动态应变仪通过粘贴在入射杆和透射杆的应变片采集波形信号，再通过计算机系统中 DATALAB 程序转化为电信号并记录。超动态应变仪，如图 3-6 所示。

图 3-5　激光测速仪

图 3-6　超动态应变仪

3.3 热—水—力耦合条件下深部砂岩冲击动力学特性试验

深部煤系砂岩，是切顶卸压无煤柱自成巷开采技术顶板岩层的主要类型，由于其开挖深受高地温（热）、高渗透压（水）、高地应力（力）和多水平开采扰动的影响，成为引发煤与瓦斯突出、巷道围岩大变形等重大工程灾害的根源。作为切顶卸压无煤柱自成巷开采方法关键技术之一的顶板定向预裂切缝技术，不仅关系着巷道一定范围内顶板形成“卸压结构”以切断“传力岩梁”的应力传递，还将直接影响“承压结构”的回转下沉变形，是围岩稳定性控制最为关键的技术，因此，对处于“三高一扰动”特殊环境下的顶板砂岩的动力学特性研究至关重要。

目前，顶板定向预裂切缝技术已在薄煤层、中厚煤层、厚煤层以及坚硬顶板、破碎顶板、复合顶板等不同开采深度的切顶卸压无煤柱自成巷煤层中进行了试验和推广，国内外学者也针对顶板定向预裂切缝技术的应用情况进行了大量的研究工作。何满潮等开展了无煤柱自成巷聚能爆破机制研究，提出了聚能切缝关键参数设计的方法。高玉兵等提出一种深部巷道定向拉张爆破切顶卸压围岩控制技术，研究了增大切顶高度和减少悬顶空间对巷道围岩稳定性的影响。马新根等提出了复合顶板无煤柱自成巷切顶爆破设计的关键是进行切顶和爆破设计。因此，现有的研究主要集中在浅埋深和中埋深条件下，定向预裂切缝参数设计的理论计算、数值模拟和现场试验。而有关大埋深（采深大于600m）开采条件下顶板岩体定向预裂切缝的研究，目前主要是基于城郊煤矿21304工作面开展的切顶卸压无煤柱自成巷开采技术进行试验，关注的重点是设计双向聚能拉伸爆破参数，并采用数值模拟和现场试验进行优化，建立基于切顶高度和切顶角度计算的聚能爆破力学模型，但缺乏针对顶板岩体切缝时多大的冲击强度和能量既能切开顶板，又不会引起顶板破坏的动态响应特性研究。目前，国内外学者对这个课题的探讨还相对较少，已有的研究大多是基于分离式霍普金森压杆试验开展的高温与水耦合、轴压与温度耦合、轴压与围压耦合，以及单一的不同含水状态或不同轴压作用下，不同类型岩石的冲击动力学特性研究。

在高温与水耦合方面，高龙山等开展了700℃下干燥与饱水状态的动态压缩试验；在轴压与温度耦合方面，石恒等对500℃下花岗岩试样的力学响应和破坏过程进行研究，吴明静等开展了1000℃下砂岩试样多级加载速率的动态压缩试验，顾超等研究了800℃作用后层理砂岩的动态压缩特性；在轴压与围压耦合方面，S. L. Xu等进行了一维和三维动静组合作用砂岩的动力特性试验研究，发现了“岩爆”释能现象，宫凤强等研制了真三轴静载作用下的混凝土和岩石动态试验系统，唐礼忠等研究了轴压作用下围压以固定速率卸载后受频繁冲击作用的矽卡岩动态变形模量；在单一的不同含水状态方面，闻名等对不同含水率砂岩的动静态劈裂抗拉特性进行了研究，褚夫蛟等对不同含水状态的砂岩进行了损伤冲击试验，M. Li 等探究了不同含水率砂岩的动态拉伸破坏特性，A. H. Lu 等研究了不同含水率下砂岩的动态破坏耗能特性；在不同轴压作用方面，武仁杰和李海波研究了不同层理倾角下层状千枚岩的动态抗压强度，杨仁树等对灰砂岩和红砂岩进行了不同冲击速度下的压缩试验，王兴渝等对不同层理倾角的页岩进行了冲击荷载下的裂纹扩展研究，王梦想等开展了冲击荷载下泥岩的动态力学性能研究，王春等研究了深部岩石的动力学特征及破坏模式受卸载速率影响的规律，蔚立元等对大理岩破碎吸收能随损伤变量的演化进行了研究，N. S. Selyutina 和 Y. V. Petrov 探究了动力荷载作用下饱和混凝土和岩石的断裂特性，H. Y. Wang 等探讨了岩石卸荷动态压缩破坏特性。但由于大埋深开采中的"三高一扰动"特殊空间应力状态极易使岩石发生脆性—延性转化，而定向预裂切缝技术所需的切缝强度和能量既要满足主动切顶又必须不破坏顶板，已有的研究成果缺乏深部热—水—力耦合条件下顶板岩体的动态冲击破坏特性，难以满足深部切顶卸压无煤柱自成巷开采技术的发展需求。因此，本书采用自主研发的大直径 ϕ 100 mm 三轴岩土体动态冲击力学试验系统，研究深部粉砂岩试样在不同的轴压、围压、渗透水压、温度耦合条件下的动态冲击压缩力学特征。

3.3.1 试样制备

试验采用粉砂岩，取自河南能源化工集团车集煤矿 2611 工作面，平均埋深 824.05m。本试验依据《工程岩体试验方法标准》GB/T 50266—2013 和国际岩石力学学会（ISRM）建议，动态压缩变形试验采用 ϕ 96mm × 48mm 的圆盘试样，共制作了 27 个粉砂岩试样，分别对应 9 组不同的热—水—力耦合环境，将得到的试验结果进行处理后取均值，粉砂岩静态力学特征见表 3-3。采用自主研发的岩土体切磨一体机对粉砂岩试样 2 个端面进行打磨，控制试样端面的不平整度在 ± 0.02mm 以内。

粉砂岩静态力学特征　　表 3-3

岩石名称	密度（g · cm^{-3}）	抗压强度（MPa）	抗拉强度（MPa）	黏聚力（MPa）	内摩擦角（°）
粉砂岩	2.60	90.18	1.34	1.45	32.8

当粉砂岩试样正确安装于三轴热—水—力耦合系统后，其受到轴压、围压（包围粉砂岩试样一周在外围施加的压力）、渗透水压（对粉砂岩试样注水的压力）和温度作用，由于施加的轴压、围压、渗透水压和温度均属于静载，入射杆和透射杆实质上受一维应力作用,服从一维应力波理论。根据一维应力下细长杆弹性波传播具有无畸变的特性，应变片 A_a 量测入射和反射应力波，应变片 A_b 量测透射应力波。采用一维应力波理论，利用"三波法"对采集的应变信号进行处理，可得粉砂岩试样的应力—应变关系为

$$\sigma(t)=\frac{E_{t}A_{t}}{2A_{s}}[\varepsilon_{r}(t)+\varepsilon_{f}(t)+\varepsilon_{t}(t)] \tag{3-27}$$

$$\varepsilon(t)=\frac{C_{t}}{L_{s}}\int_{0}^{t}[\varepsilon_{r}(t)-\varepsilon_{f}(t)-\varepsilon_{t}(t)]\mathrm{d}t \tag{3-28}$$

$$\dot{\varepsilon}(t)=\frac{C_{t}}{L_{s}}[\varepsilon_{r}(t)-\varepsilon_{f}(t)-\varepsilon_{t}(t)] \tag{3-29}$$

式中 $\sigma(t)$、$\varepsilon(t)$、$\dot{\varepsilon}(t)$——分别为粉砂岩试样的动态应力、应变、应变率；

A_t、A_s——分别为弹性杆和粉砂岩试样的横截面面积；

E_t——弹性杆的弹性模量；

C_t、L_s——分别为弹性杆的纵波波速和粉砂岩试样的长度；

$\varepsilon_r(t)$、$\varepsilon_f(t)$、$\varepsilon_t(t)$——分别为入射波、反射波和透射波的应变值。

若粉砂岩试样具有均匀各向同性和无衰减，引入入射杆和透射杆中的应变关系 $\varepsilon_r(t)+\varepsilon_f(t)=\varepsilon_t(t)$,则式（3-27）~式（3-29）可通过“二波法”得到粉砂岩试样的应力—应变关系为：

$$\sigma(t)=\frac{E_{t}A_{t}}{A_{s}}\varepsilon_{t}(t) \tag{3-30}$$

$$\varepsilon(t)=-2\frac{C_{t}}{L_{s}}\int_{0}^{t}\varepsilon_{f}(t)\mathrm{d}t \tag{3-31}$$

$$\dot{\varepsilon}(t)=-2\frac{C_{t}}{L_{s}}\varepsilon_{f}(t) \tag{3-32}$$

基于能量守恒定律，粉砂岩试样冲击过程中的入射能、反射能、透射能和吸收能可分别表示为：

$$W_{r}=\frac{A_{t}C_{t}}{E_{t}}\int_{0}^{t}\sigma_{r}^{2}(t)\mathrm{d}t \tag{3-33}$$

$$W_{f}=\frac{A_{t}C_{t}}{E_{t}}\int_{0}^{t}\sigma_{f}^{2}(t)\mathrm{d}t \tag{3-34}$$

$$W_{t}=\frac{A_{t}C_{t}}{E_{t}}\int_{0}^{t}\sigma_{t}^{2}(t)\mathrm{d}t \tag{3-35}$$

$$W_{s}=W_{r}-W_{f}-W_{t} \tag{3-36}$$

式中 $\sigma_r(t)$、$\sigma_f(t)$、$\sigma_t(t)$——分别表示冲击过程中的入射应力、反射应力和透射应力；

W_r、W_f、W_t、W_s——分别为冲击过程中的入射能、反射能、透射能和吸收能。

3.3.2 试验方案

为研究深部切顶卸压无煤柱自成巷开采技术在不同的地应力、渗透水压、地温环境下粉砂岩的动态力学特性，为顶板定向预裂切缝技术提供定量化的切缝强度和切缝能量，解决既能主动精准切顶又不破坏顶板稳定性的难题，本次试验利用入射杆、透射杆和三轴热—水—力耦合系统共同施加轴压、围压、渗透水压、温度，以模拟深部三向等压静态力学环境。由于在相同的冲击应力作用下，爆炸应力波对岩石的破坏作用比 SHPB 装置产生的冲击波对岩石的破坏稍强，国内外学者也首选其作为动荷载下岩石破坏的研究方法，因此，本次试验通过发射系统提供不同大小的冲击气压，使子弹撞击入射杆，用以模拟深部开采中定向预裂切缝爆炸应力的动态扰动程度。在车集煤矿实测的地应力、地温和渗透水压基础上，结合深部切顶卸压无煤柱自成巷开采防治冲击地压、突水、煤与瓦斯突出等非线性灾害的需求，设置的试验参数方案，见表 3-4。考虑到粉砂岩在深部的真实受力状态，本次试验设计轴压和围压相等。

为避免施加在三轴热—水—力耦合系统中的粉砂岩试样在冲击扰动前被压坏，整个试验加载过程共分 8 步：第 1 步，控制轴压液压泵施加轴压到设定值的 30%；第 2 步，控制围压液压泵施加围压到设定值的 50%；第 3 步，控制渗透水压气压泵施加渗透水压到设定值的 50%；第 4 步，利用温度控制器施加温度到设定值后维持温度不变，并保持 10min，确保温度均匀地施加在试样的周围；第 5 步，施加轴压到设定值；第 6 步，施加渗透水压到设定值；第 7 步，施加围压到设定值；第 8 步，调节储气室内的气压大小和子弹在发射腔的位置施加冲击入射能。上述步骤中，轴压、围压和渗透水压的加载速率均为 0.5MPa/s，温度的加载速率为 2.0℃ /min，以避免加载速率过快造成粉砂岩试样的破碎和温度的损耗。

试验参数设置 表 3-4

试样编组	轴压（MPa）	围压（MPa）	渗透水压（MPa）	温度（℃）	冲击气压（MPa）
S-1	8	8	2	24	0.4
S-2	12	12	4	25	0.5
S-3	16	16	6	26	0.6
S-4	20	20	8	27	0.7
S-5	24	24	10	28	0.8
S-6	28	28	12	29	0.9
S-7	32	32	14	30	1.0
S-8	36	36	16	31	1.1
S-9	40	40	18	32	1.2

在冲击压缩试验之前，先施加轴压、围压、孔隙压力，然后再升温，为保证粉砂岩试样在升温过程中上述条件不发生改变，采取的控制措施应包括：

（1）在控制系统方面，研发的岩土体动态冲击力学试验系统中的加压系统，主要是采用PID控制系统，通过压力传感器实时动态监控围压、轴压和孔隙压力的变化。当加压系统施加的轴压、围压和孔隙压力高于或者低于设定值时，液压站上的比例溢流阀会适时工作，通过增压或者卸载压力以维持设定压力值。这个过程是一个动态反馈过程，在粉砂岩试样升温时，理论上热胀冷缩会导致施加的压力值发生变化。但是，由于其热胀冷缩的速度远远低于PID控制系统的反馈速度（反馈频率为50 Hz的高频反馈），导致PID控制系统有足够的时间以维持设定压力值。

（2）在液压稳压硬件设计方面，研发的岩土体动态冲击力学试验系统中的轴压、围压和孔隙压力的液压稳压硬件都设有蓄能器。设计的蓄能器是一种压力随动设备，当轴压、围压和孔隙压力发生微小变化时，设于蓄能器内部的气囊会随着压力的收缩或者扩张用以平衡外部压力的变化，并抵消温度带来的热胀冷缩所造成的压力升高。

需要说明的是，冲击压缩试验时，温度、围压、轴压、孔隙压力是会发生变化的。在温度方面，子弹撞击入射杆冲击粉砂岩试样的冲击瞬间为绝热过程，产生的冲击能量可根据式（3-7）~式（3-10）转化为粉砂岩试样的温度并使其迅速升高，与此同时，轴压、围压和孔隙的压力也会随之迅速升高。

冲击压缩后，温度、围压、轴压、孔隙压力的最终变化值，可通过直接在粉砂岩试样上贴传感器的方法进行测试，并通过ARCHIMEDES ALT1000采集数据软件进行计算。本书以典型试样S-1为例，分析冲击压缩后温度、围压、轴压、孔隙压力的变化值。

（1）温度变化值。根据式（3-7）~式（3-10），忽略加载过程中入射杆、透射杆与粉砂岩试件接触端面之间的摩擦力所消耗的能量（为减少试样与入射杆和透射杆之间的摩擦效应，在粉砂岩试样两端均匀涂抹适量黄油），入射波所携带的能量减去反射波和透射波所携带的能量，就是粉砂岩试样冲击过程中破坏所消耗的能量，即吸收能。根据热力学理论和岩石热物理性质试验原理，粉砂岩试样是由于冲击破坏过程中消耗能量才致其温度升高，进而导致粉砂岩试样存在温差，才得到比热容。因此，根据砂岩的比热容，可得试样升温时温度变化的计算公式，即

$$\Delta t = \frac{W_{\mathrm{s}}}{cm} \tag{3-37}$$

式中 Δt——粉砂岩试样升温时的温度变化值；

c——比热容；

m——试样重量。

根据式（3-37），参考实时高温下砂岩的比热容测试结果，比热容取908J·(kg·℃)$^{-1}$，

粉砂岩试样的重量经电子天平称重取 958.5g，经计算可得时间与 Δt 的关系，可知冲击压缩试验的全过程中最大温度变化值为 0.49℃（图 3-7）。

（2）轴压变化值。轴压主要是根据施加在粉砂岩试样上的工程应力的增大而增大，施加的工程应力是多少，轴压就会增大多少。经计算可得时间与轴压变化值的关系，可知冲击压缩试验的全过程中最大轴压变化值为 214.6MPa（图 3-8）。

（3）围压变化值。围压与轴压的变化密切相关，粉砂岩试样的径向应变与轴向应变的比值即泊松比，因而轴压和围压主要根据粉砂岩试样泊松比的关系而变动，本书中粉砂岩试样的泊松比取 0.22，经计算可得时间与围压变化值的关系曲线，可知冲击压缩试验的全过程中最大围压变化值为 47.2MPa（图 3-9）。

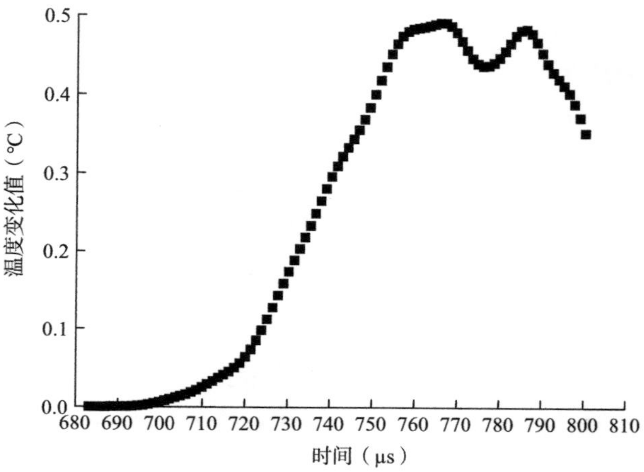

图 3-7　时间与温度变化值的关系曲线

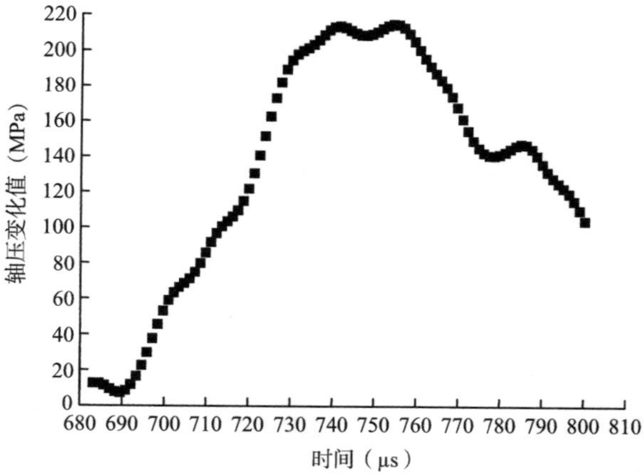

图 3-8　时间与轴压变化值的关系曲线

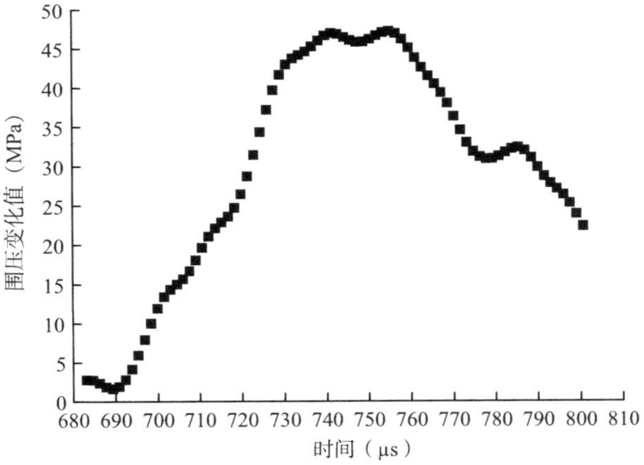

图 3-9 时间与围压变化值的关系曲线

（4）孔隙压力变化值。孔隙压力主要是根据内、外压力的平衡来体现压力的变化，粉砂岩试样的孔隙压力变化值：$\Delta p_k=\sqrt{\Delta p_z^2+\Delta p_w^2}-p_0$

式中 Δp_z——轴压变化值；

Δp_k——围压变化值；

p_0——试样的静态抗压强度。

因此，可得时间与孔隙压力变化值的关系曲线，可知冲击压缩试验的全过程中最大孔隙压力变化值为 129.5MPa（图 3-10）。

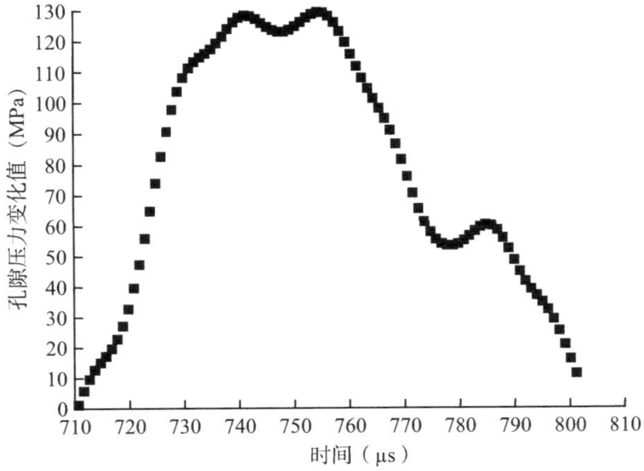

图 3-10 时间与孔隙压力变化值的关系曲线

3.3.3 应力平衡验证

试验的可靠性受波形弥散和惯性效应影响，试验前需验证粉砂岩试样在破坏前是否达到应力平衡。如图 3-11 所示，为粉砂岩试样典型的动态应力平衡验证曲线。如

图 3-11 所示，粉砂岩试样在破坏前的入射应力波和反射应力波之和，与透射应力波基本达到平衡，表明粉砂岩试样与入射杆接触面、透射杆接触面、三轴热—水—力耦合系统围压接触面的应力对比均平衡，其所受应力基本符合应力平衡假定。

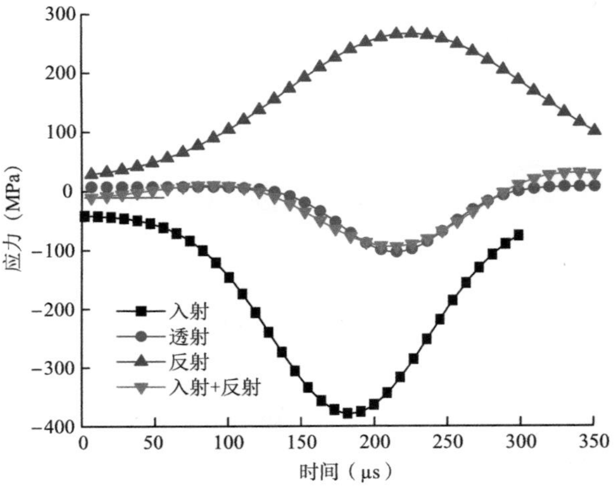

图 3-11　典型粉砂岩试样应力平衡验证

3.3.4　动态应力—应变关系

不同的热—水—力耦合条件下，粉砂岩试样的应力—应变曲线，如图 3-12 所示。由图 3-12 可知，在不同的冲击气压作用下，粉砂岩试样峰值应力和峰值应变均随轴压、围压、渗透水压、温度的升高而不断增大，当轴压和围压为 40MPa、渗透水压为 18MPa、温度为 32℃、冲击气压为 1.2MPa 时，试样 S-9 的峰值应力最大，为 536.43MPa，峰值应变为 0.0045；当轴压和围压为 8MPa、渗透水压为 2MPa、温度为 24℃、冲击气压为 0.4MPa 时，试样 S-1 的峰值应力最小，为 214.58MPa，峰值应变为 0.0035，试样 S-9 的峰值应力和峰值应变分别是试样 S-1 的 2.5 倍和 1.29 倍。这表明，粉砂岩试样在受载初期呈压密阶段，随后总体呈线性增长的弹性变形阶段，并逐渐在受载中期呈塑性变形阶段，且随着轴压、围压、渗透水压和温度的逐渐升高，应力—应变曲线表现出一定的右移倾向，表明粉砂岩的脆性逐渐减弱，而延性逐渐增强，损伤逐渐增大，当达到峰值强度后应力下降并呈破坏阶段。

3.3.5　加载率与峰值应力和峰值应变的关系

粉砂岩试样的率相关性分析，可采用加载率或应变率作为考察指标，参考吴明静等的研究，本书以加载率作为考察指标进行率相关性分析。为确定加载率的大小，以粉砂岩试样动态应力—时间曲线上升段的线性部分的斜率定义加载率。典型粉砂岩试样动态压缩应力随时间曲线确定的加载率，如图 3-13 所示。

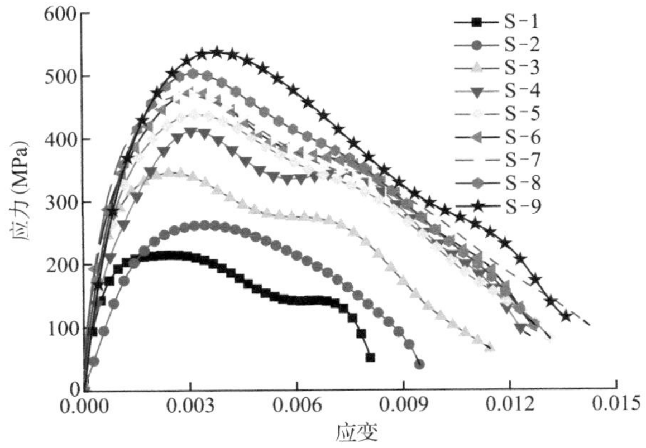

图 3-12　不同热—水—力耦合条件下粉砂岩试样的应力—应变曲线

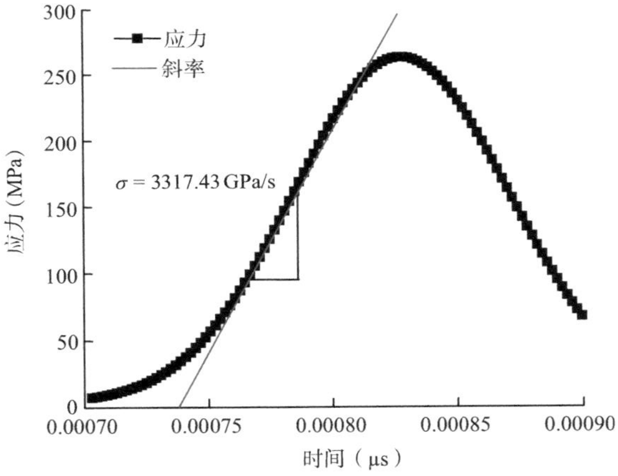

图 3-13　典型粉砂岩试样动态压缩应力—时间曲线

不同的加载率与峰值应力和峰值应变的关系，如图 3-14 所示。由图 3-14 可知，轴压、围压、渗透水压和温度每增加一个量级，粉砂岩试样的峰值应力量级呈近似线性增加，加载率大于 6500 GPa/s 的峰值应力占比为 44.4%，分布在 444.06 ~ 536.43MPa 范围，最大峰值应力 536.43MPa 的加载率是最小峰值应力加载率的 2.35 倍，具有显著的率相关性。结合相关岩石材料不同耦合条件下加载率与应力应变的研究成果，分析认为：粉砂岩试样内部的微裂缝、粒度分布、孔隙结构、骨架颗粒等随着加载率的增大，其扩展、合并和贯通的时间变得极短，在破碎所需裂纹长度和密度恒定的情况下，粉砂岩试样需要更多的微裂纹参与微结构的动态响应，从而使其峰值应力明显增大。

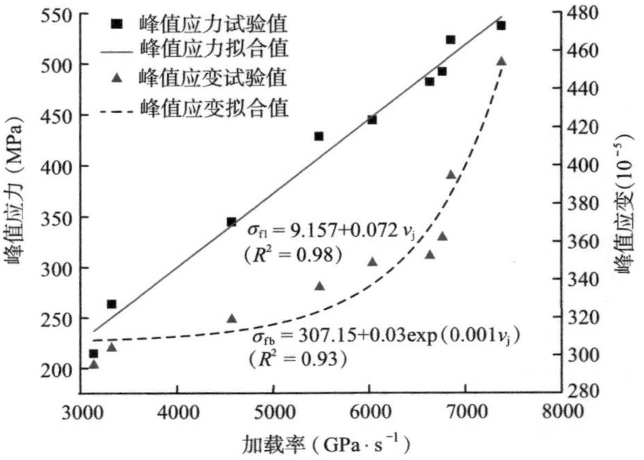

图 3-14　不同的加载率与峰值应力和峰值应变的关系

为考察加载率对峰值应力的影响，不同的加载率 v_j 与峰值应力 σ_{yl} 的关系根据线性分布关系表达如下：

$$\sigma_{yl}=A+kv_j \tag{3-38}$$

式中　σ_{yl}——峰值应力；

v_j——加载率；

k——系数项，指加载率对岩石峰值应力的影响系数；

A——常数项，表示加载率为 0 时岩石的峰值应力。

如图 3-14 所示，随着加载率的增大，峰值应变逐渐增大，具有明显的率相关性：当加载率为 3133.580GPa/s 时，峰值应变为 0.00296，当加载率为 7378.220GPa/s 时，峰值应变为 0.00454；加载率在 5000 ~ 7000GPa/s 范围的峰值，应变占比为 55.6%，峰值应变范围为 0.00320 ~ 0.00362；当加载率大于 7000GPa/s 时，峰值应变几乎呈线性增长。

为考察加载率对峰值应变的影响，不同的加载率 v_j 与峰值应变 σ_{yb} 的关系可以根据指数分布关系表达如下：

$$\sigma_{yb}=B+k\exp(av_j) \tag{3-39}$$

式中　σ_{yb}——峰值应变；

a——岩石材料的指数参数；

B——常数项。

3.3.6　动变形模量与加载率的关系

动变形模量是粉砂岩抵抗顶板定向预裂切缝动荷载变形的重要参数，本书采用应力—应变曲线上升段对应的粉砂岩试样压缩强度为 40% 和 60% 的两点连线的斜率。

动变形模量与加载率关系，如图 3-15 所示。

由图 3-15 可知，动变形模量随着加载率的增大呈先增大后减小的发展趋势。当加载率在 6631.91GPa/s 时存在一个临界阈值，临界阈值动变形模量 136.37GPa 相比最小加载率 3 133.58GPa/s 时对应的动变形模量增幅为 188%；当加载率小于该临界阈值时，粉砂岩试样承受冲击的动变形模量随着加载率的增大而增大；当加载率超过该临界阈值后，加载率的增大反而导致粉砂岩试样的动变形模量变小。结合唐礼忠等对于相关岩石材料在不同耦合条件下的动态变形特性的研究，分析认为：粉砂岩试样在较小的轴压、围压、渗透水压、温度的共同作用下，轴向压力使粉砂岩试样原生微裂纹闭合，围压侧向限制粉砂岩试样的横向变形，使其横向微裂纹重新扩展程度小，渗透水充填在粉砂岩试样周围引起其质量增加，增大了粉砂岩试样的率相关性，而微裂纹发生高速相对错动时所含的自由水不能及时扩散到微裂纹的尖端，反而产生了阻力，阻碍了微裂纹的持续扩张滑移。此时温度引起粉砂岩试样内部的矿物颗粒又产生热膨胀性，增加了粉砂岩试样内部颗粒之间的摩擦运动，也在一定程度上填充了粉砂岩试样的原生微裂纹和新发展的微裂纹，因而在热—水—力耦合作用下，动力冲击使粉砂岩试样致密性进一步增强，使其动态变形模量呈增大趋势。随着轴压、围压、渗透水压、温度的继续增大，高轴压使粉砂岩试样原生微裂纹闭合的同时，又产生新扩展的微裂纹。而高围压在侧向又约束粉砂岩变形，使承受高轴压的粉砂岩试样内的高应力弹性势能得不到及时释放，在动力冲击作用下使粉砂岩试样微裂纹快速扩展且只需少量吸收能，而粉砂岩试样的平均加载率为 5574.067GPa/s，这又使渗透水对其的弱化作用被水的黏性抗力所抵消。但温度的持续升高引起粉砂岩内部跨颗粒边界的不协调，热膨胀变形产生结构热应力，导致粉砂岩试样又产生新的微裂纹，这在一定程度上致使其内部的颗粒胶结状态变差。因而在热—水—力共同作用下又弱化了其抗冲击能力，导致其动态变形模量出现缓慢下降的趋势。

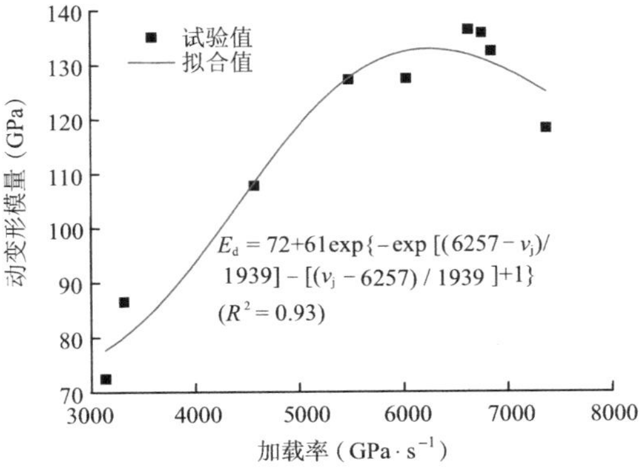

图 3-15 动变形模量与加载率的关系

为考察加载率对动态变形模量的影响，动态变形模量 E_d 与加载率 v_j 的关系根据极值（extreme）分布关系表达如下：

$$E_d=B+k\exp\{-\exp[(c-v_j)/d]-[(v_j-c)/d]+1\} \tag{3-40}$$

式中　E_d——动变形模量；

c、d——岩石材料的极值参数。

3.3.7　轴压、围压与峰值应力和峰值应变的关系

不同的轴压、围压与峰值应力和峰值应变的关系，如图 3-16 所示。由图 3-16 可知，随着轴压和围压的增大，粉砂岩试样峰值应力曲线总体呈缓慢增长趋势，其延性特征逐渐显现，在轴压和围压 8 ~ 20MPa 范围内，峰值应力呈近似线性增长，增幅为 199.67%，占比为 44.4%；在轴压和围压大于 20MPa 后，峰值应力逐渐增长，增幅为 125.2%；在轴压和围压 8 ~ 32MPa 范围，峰值应变增长比较平缓，占比为 77.8%；在轴压和围压大于 32MPa 后，峰值应变呈近似线性增长，增幅为 109.16%。结合 S. L. Xu 等对于岩石在轴压或围压作用下的动力特性的研究，分析认为：当轴压和围压值较小时，粉砂岩试样内部原生微裂纹的横向发展被压密，使其致密性得到增强，提高了其抵抗外界冲击荷载的能力，但当轴压和围压值逐渐增大到一定程度后，高围压抑制了粉砂岩试样新发展的微裂纹的进一步扩展，使其内部的微裂纹再次闭合，增强了其致密性。

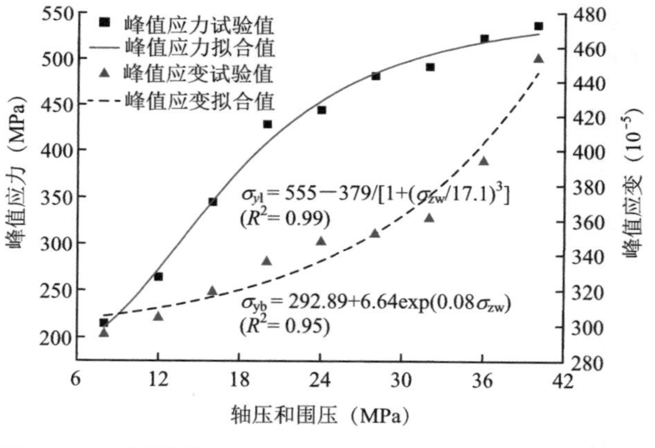

图 3-16　不同的轴压、围压与峰值应力和峰值应变的关系

为考察轴压和围压对峰值应力的影响，轴压和围压 σ_{zw} 与峰值应力 σ_{yl} 的关系根据 Logistic 分布关系表达如下：

$$\sigma_{yl}=C-k/[e+(\sigma_{zw}/f)^3] \tag{3-41}$$

式中　σ_{zw}——轴压和围压；

e、f——岩石材料的 Logistic 参数；

C——常数项。

如图 3-16 所示，轴压等于围压的三向等压应力状态，相当于深部开采中粉砂岩处于不同埋深的地应力环境。当第一主应力大于 20MPa 时为高地应力，大于 40MPa 时为极高地应力。极高地应力 40MPa 粉砂岩试样的峰值应力相当于低地应力 8MPa 峰值应力的 249.99%；高地应力 20 ~ 36MPa 范围的峰值应力相当于低地应力 8MPa 峰值应力的范围为 199.67% ~ 243.49%；中等地应力 12 ~ 16MPa 范围的峰值应力相当于低地应力 8MPa 峰值应力的范围为 122.87% ~ 160.56%，这表明，轴压和围压对粉砂岩动态力学特性的影响程度，即随埋深的增加而增大，具有显著的应力状态效应。

为考察轴压和围压对峰值应变的影响，轴压和围压 σ_{zw} 与峰值应变 σ_{yb} 的关系根据指数分布关系表达如下：

$$\sigma_{yb}=B+k\exp(a\sigma_{zw}) \tag{3-42}$$

3.3.8 渗透水压与动态峰值应力和峰值应变的关系

不同的渗透水压与峰值应力和峰值应变的关系，如图 3-17 所示。由图 3-17 可知，随着渗透水压的增大，峰值应力和峰值应变均逐渐升高，在渗透水压 2 ~ 8MPa 范围内，峰值应力呈近似线性增长，增幅达 199.67%；在渗透水压 8 ~ 18MPa 范围内，峰值应力增速变缓，增幅为 125.2%，占比为 55.6%；在渗透水压 2 ~ 14MPa 范围内，峰值应变逐渐增大，占比为 77.78%；在渗透水压大于 14MPa 时，峰值应变呈近似线性增长，增幅为 109.16%。结合相关岩石材料不同含水状态的动态损伤特性的研究，分析认为：由于入射波瞬间施加，使粉砂岩试样发生破碎，引起内部微结构迅速扩展，使粉砂岩试样中的自由水不能及时扩散至裂纹尖端，而粉砂岩试样的惯性会阻止其内部的微裂纹继续扩展和贯通，水对粉砂岩的弱化机制被水的黏性抗力所抵消，进而增强其抵抗外界动态冲击的强度。周子龙等研究认为，加载率较高时水引起的惯性增强，弯曲液面效应和水的黏性作用，可产生阻力以阻碍裂纹的产生和扩张，当加载率达到一个阈值时，水对岩石的弱化作用可被抵消以增强岩石的强度；高龙山等研究表明，孔隙水对岩石壁黏性力的作用，一定程度上阻止了裂纹的扩展并出现饱水强化现象，因而水对粉砂岩试样处于热—水—力耦合特定环境下的动态冲击效应具有一定的力学增强机制。

为考察渗透水压对峰值应力的影响，渗透水压 σ_s 与峰值应力 σ_{yl} 的关系可以根据 Logistic 分布关系表达如下：

$$\sigma_{yl}=C-k/[e+(\sigma_s/f)^{2.4}] \tag{3-43}$$

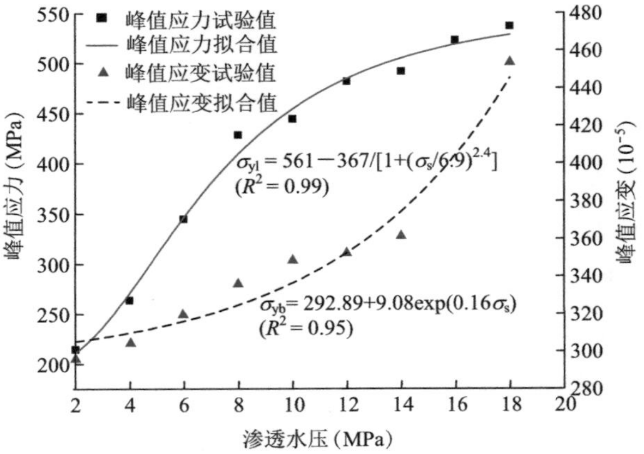

图 3-17　不同的渗透水压与峰值应力和峰值应变的关系

为考察渗透水压对峰值应变的影响，渗透水压 σ_s 与峰值应变 σ_{yb} 的关系可以根据指数分布关系表达如下：

$$\sigma_{yb}=B+k\exp(a\sigma_s) \tag{3-44}$$

3.3.9　温度与峰值应力和峰值应变的关系

不同的温度与峰值应力和峰值应变的关系，如图 3-18 所示。由图 3-18 可知，随着温度的增大，粉砂岩试样的峰值应力和峰值应变均逐渐增大，最高温度 32℃时的峰值应力和峰值应变分别是常温 24℃时的 2.5 倍和 1.53 倍，温度 24 ~ 27℃范围的峰值应力呈近似线性增长，增幅为 196.91%；温度 27 ~ 32℃范围的峰值应力增幅减缓，增幅为 125.2%；温度 24 ~ 30℃范围的峰值应变呈缓慢增长，增幅为 122.38%；温度 30 ~ 32℃范围温度梯度较小，但峰值应变增幅呈近似线性增长，增幅达 109.16%。结合相关岩石材料在不同温度状态下、不同含水条件下的动态力学特性研究，分析认为：由于煤系粉砂岩试样在原始赋存环境下已存在大量随机分布的微裂纹，但子弹撞击入射杆使其受到轴向冲击压缩应力，内部的原生微裂纹逐渐闭合，而温度的逐渐升高，引起其内部矿物颗粒受热后产生膨胀，不同矿物颗粒的不协调热膨胀变形产生结构热应力，使其原生微裂纹闭合，而粉砂岩试样中的自由水也同步阻止了结构热应力激发微裂隙的继续发展，改善粉砂岩试样所含各类矿物颗粒之间的接触状态，从而减少微裂纹数量。高龙山等对温度损伤后饱水大理岩的研究也表明，随着温度的升高，其动态压缩特性出现饱水强化现象。M. Li 等研究也认为，温度加热能提高砂岩抗变形能力，因而温度对热—水—力耦合特定环境下的动态冲击效应具有一定的强化机制。

为考察温度对峰值应力的影响，温度 t_w 与峰值应力 σ_{yl} 的关系可以根据 Logistic 分布关系表达如下：

$$\sigma_{yl}=C-k/[e+（t_w/f）^{15}] \qquad（3\text{-}45）$$

为考察温度对峰值应变的影响，温度 t_w 与峰值应变 σ_{yb} 的关系可以根据指数分布关系表达如下：

$$\sigma_{yb}=B+k\exp（at_w）\qquad（3\text{-}46）$$

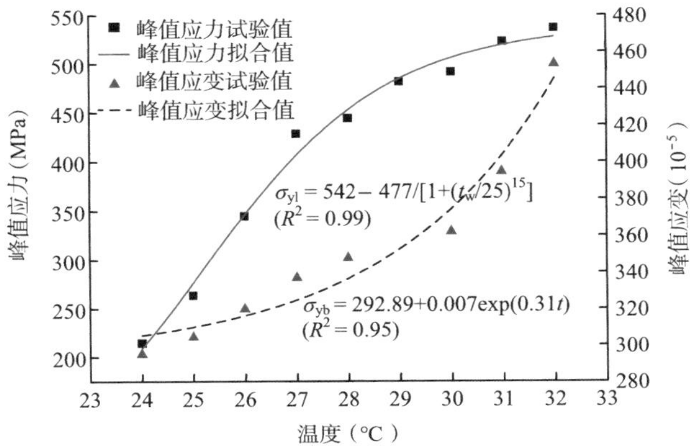

图 3-18　不同的温度与峰值应力和峰值应变的关系

3.3.10　吸收能与峰值应变的关系

粉砂岩试样的变形与能量的传递有关，吸收能与峰值应变的关系，如图 3-19 所示。

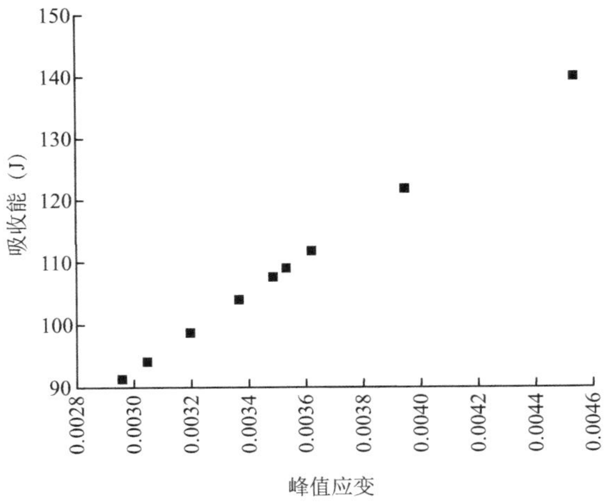

图 3-19　吸收能与峰值应变的关系

如图 3-19 所示，随着峰值应变的增大，粉砂岩试样的吸收能呈线性增加趋势，峰值应变为 0.00296 ~ 0.00362 范围的吸收能占比为 77.8%。当峰值应变大于 0.00362 后，粉砂岩试样的吸收能快速增加，表明粉砂岩试样的破碎变形与吸收能呈正相关关系。

粉砂岩试样峰值应变越大，其裂隙发育程度就越大，而其所需的吸收能也就越多。

研究结论

（1）在不同的动荷载作用下，粉砂岩试样峰值应力、峰值应变均随轴压、围压、渗透水压、温度的升高而不断增大，其脆性逐渐减弱，而延性逐渐增强。在受载初期呈压密阶段，随后总体呈线性增长的弹性变形阶段，并逐渐在受载中期呈塑性变形阶段，当达到峰值强度后应力下降呈破坏阶段。

（2）动变形模量随着加载率的增大呈先增大后减小的发展趋势，动变形模量136.37GPa左右为一个临界阈值。当加载率小于该临界阈值时，粉砂岩试样承受冲击的动变形模量随着加载率的增大而增大；当加载率超过该临界阈值后，加载率的增大反而导致粉砂岩试样的动变形模量变小，动变形模量与加载率符合极值分布。

（3）轴压、围压、渗透水压和温度，每增加一个量级，粉砂岩试样的峰值应力和峰值应变的量级均增加，具有显著的率相关性，加载率与峰值应力符合线性分布，与峰值应变符合指数分布。

（4）随着轴压和围压的增大，粉砂岩试样峰值应力曲线总体呈缓慢增长趋势，其延性特征逐渐显现，具有显著的应力状态效应。随着渗透水压的增大，峰值应力和峰值应变均逐渐升高，水对粉砂岩的弱化机制被水的黏性抗力所抵消，因而水对粉砂岩试样处于热—水—力耦合环境下的动态冲击效应具有一定的力学增强机制；随着温度的增大，粉砂岩试样的峰值应力和峰值应变也逐渐升高，温度对热—水—力耦合环境下的动态冲击效应具有一定的强化机制；轴压、围压、渗透水压和温度与峰值应力符合Logistic分布，与峰值应变符合指数分布。

（5）随着峰值应变的增加，粉砂岩试样的吸收能呈线性增加趋势，其破碎变形与吸收能呈正相关关系。

3.4 双向聚能冲击荷载下深部层状岩体试验

3.4.1 试样的制作

试验选用深部层状砂岩为研究对象。试样的几何尺寸由试验条件、惯性效应和摩擦效应三个因素决定。首先，试样的直径不能超过杆件的最大直径，为了更好地体现岩石试样的力学特性，试样直径选取最大值，即试样直径为100mm。试样的长度对应力均匀性以及惯性效应都有一定的影响。长径比过大，应力均匀性就会受到影响；长径比过小，端面摩擦效应就会增加，因此试样的尺寸也不宜过小。一般情况下，试样的长度取值范围为直径的 0.5 ~ 1.0 的倍数，又根据尺寸效应的计算分析试样的长度宜选取 50mm，因此试验采用的长径比为 1∶2。试样制备过程中，不仅要选取完整性较好的试样，还要保证试样的平整度以满足岩石力学的试验标准。因此，需要使用光面打磨机进行打磨，使试样端面的不平整度小于 0.02mm。

采用的岩石试样取样均依托中国永煤集团 2611 上巷工作面平均采深 –805.8 ~ –843.1m 处，岩石加工处理工作均在浙江科技大学岩石力学试验室进行。所取得原样没有规则形状，因钻取及运输原因，岩石原样会存在一定的碰撞破损情况，故而需要挑选尽量规则、破坏程度小及贯穿裂缝少的原样进行加工。岩石原样取芯选用 SC-300 型自动取芯机，取出圆柱形岩石试样。岩石取芯机，如图 3-20 所示。

图 3-20　SC-300 型自动取芯机

试验采用的 SC-300 型自动取芯机由浙江科技大学研发，空心钻头直径为 100mm，钻头顶端边缘一圈为锯齿状，可以对更加坚硬的原岩进行取芯。取芯时，预先在取芯机岩石固定区处铺垫一层木板，以防取芯机钻头破坏底座。利用限位回弹装置确定钻头回弹位置，使得钻头刚好抵达木板时可以自动回弹。钻头回弹至指定高度时触碰到上限位回弹装置，机器便会停止工作。设置完成后，选取形状较规则，表面破损较小的原岩放置在取芯区域固定，移动磁性底板使钻头的位置正对岩石原样的中心区域，关闭磁性底板开关使原样不会移动，设置好钻头的转速与钻进速度。启动钻机前要打开注水阀门，一方面是为了取得的试样更为平整和完整，另一方面是为了防止损坏钻头及机器。钻机启动后，钻头穿透原样时触发限位回弹装置回弹，钻头回弹至指定高度时触碰到上限位回弹装置，机器便会停止工作。最后关闭注水阀，取出钻取好的圆柱体试样。如图 3-21 所示，为岩石的取芯过程图。

图 3-21　岩石取芯过程图

取芯阶段完成后，将取得的圆柱体试样固定在带有凹槽的钢支架上，每次可同时切割三个岩石试样。试样固定后，通过旋转刀盘控制把手控制切割机两片刀盘之间距离，刀盘停留在刻度尺记录的 25mm 处，两刀盘之间的距离即切割试样的高度正好为 50mm。本试验采用的岩石切割机可以实现自动切割，在显示系统上设置好刀盘的转速和工作台行进速率，点击自动切割按键，机器开始运行，切割完成后自动停止工作。切割机切割试样之前要打开注水阀，防止切割过程中出现大规模的岩石粉末灰尘，也能够使切割的试样更加完整，表面更加光滑平整。DQ-1 型岩石切割机，如图 3-22 所示。

切割完成后取得的标准岩石试样需要进行端面打磨，以保证试样的不平行度、不平整度满足试验要求。打磨标准试样采用的是 SHM-200 型双端面磨石机，试样固定后，通过磨石机和工作台的移动可以实现自动打磨。SHM-200 型双端面磨石机，如图 3-23 所示。

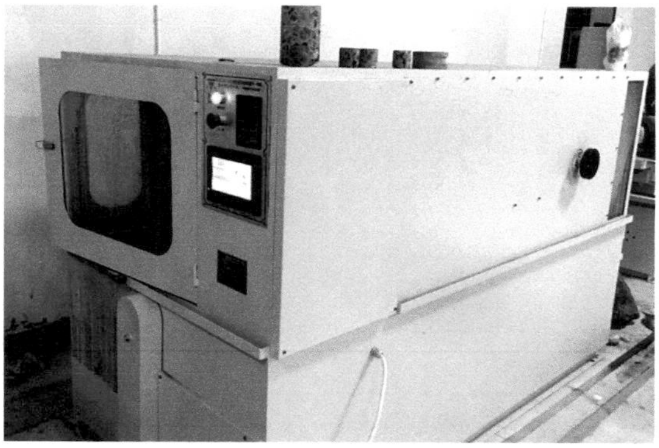

图 3-22 DQ-1 型岩石切割机

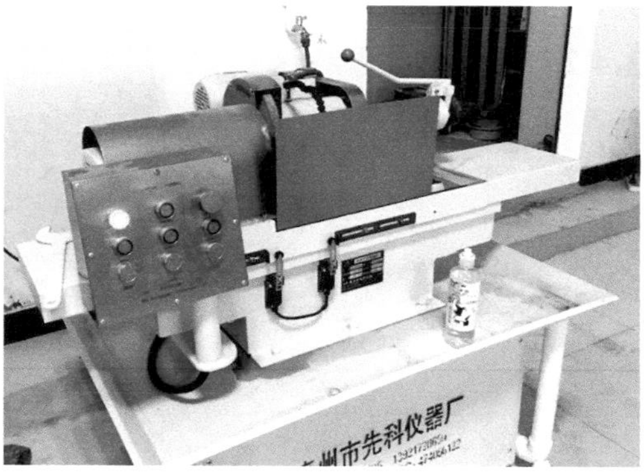

图 3-23 SHM-200 型双端面磨石机

岩石标准试样加工完毕后，挑选完整无破损、满足试验要求的试样进行编号备用，试验所用的岩石标准试样如图 3-24 所示。

试验共设计 16 组试验，每组试验需要三个岩石标准试样，用游标卡尺对标准试样进行尺寸测量（图 3-25），并记录每组试样的尺寸平均值。测量结果见表 3-5。

图 3-24 部分岩石标准试样

图 3-25 岩石标准试样尺寸测量

岩石标准试样尺寸平均值 表 3-5

试验组	1	2	3	4	5	6	7	8
平均直径（mm）	99.6	99.8	99.6	99.7	99.4	98.9	99.2	99.5
平均高度（mm）	49.8	49.6	49.8	49.2	49.5	49.1	49.5	49.6
试验组	9	10	11	12	13	14	15	16
平均直径（mm）	99.3	99.8	99.1	99.6	99.4	99.6	99.7	99.3
平均高度（mm）	49.2	49.7	49.8	49.5	49.6	49.3	49.5	49.8

3.4.2 试验方案

试验采用的试样规格为 100mm × 50mm（直径 × 高度），共 16 组试验，每组试验重复三次，选取三次试验结果中波形最好的为研究数据，试样数量为 48 块。深部砂岩的物理力学参数见表 3-6。

深部砂岩物理力学参数 **表 3-6**

密度（g/cm^3）	纵波波速（m/s）	抗压强度（MPa）	弹性模量（GPa）	泊松比
2.60	2066	118.25	15.74	0.31

本试验采用正交试验设计，用于安排多因素试验并考察各因素影响大小的一种科学设计方法。它是应用一套已规格化的表格——正交表来安排试验工作，其优点是适合多种因素的试验设计，便于同时考查多种因素、不同水平对指标的影响。通过较少的试验次数，选出最佳的试验条件。另一方面，还可以帮助我们在错综复杂的因素中抓住主要因素，并判断哪些因素只起单独的作用，哪些因素除自身的单独作用外，它们之间还产生综合的效果。

为了得到深部层状砂岩在冲击荷载作用下，试样由完整到完全破坏的破坏过程及试验数据。根据试验开始前的多次测试结果可知，在冲击气压达到 2MPa 时，围压、轴压、渗透水压与温度分别为 35MPa、35MPa、25MPa 和 60℃，此时试样已被完全破坏。又为了模拟深部层状砂岩在低应力到高低应力、低渗透水压到高渗透水压、低地温度到高地温度不同耦合环境中的动态破坏特性，依次设置四个水平。试验有五个控制因素：冲击气压、围压、轴压、渗透水压、温度。采用的试验水平参数，见表 3-7。

水平参数表 **表 3-7**

水平	因素				
	冲击气压（MPa）	围压（MPa）	轴压（MPa）	渗透水压（MPa）	温度（℃）
水平 1	0.5	2	2	2	15
水平 2	1.0	10	10	6	25
水平 3	1.5	18	18	10	35
水平 4	2.0	26	26	14	45

选取表 3-7 中的 5 个因素、4 个水平，进行正交设计，正交试验见表 3-8。

正交试验表 表3-8

序号	A（冲击气压）	B（围压）	C（轴压）	D（渗透水压）	E（温度）
1	1（0.5MPa）	1（2MPa）	1（2MPa）	1（2MPa）	1（15℃）
2	1（0.5MPa）	2（10MPa）	2（10MPa）	2（6MPa）	2（25℃）
3	1（0.5MPa）	3（18MPa）	3（18MPa）	3（10MPa）	3（35℃）
4	1（0.5MPa）	4（26MPa）	4（26MPa）	4（14MPa）	4（45℃）
5	2（1.0MPa）	1（2MPa）	2（10MPa）	3（10MPa）	4（45℃）
6	2（1.0MPa）	2（10MPa）	1（2MPa）	4（14MPa）	3（35℃）
7	2（1.0MPa）	3（18MPa）	4（26MPa）	1（2MPa）	2（25℃）
8	2（1.0MPa）	4（26MPa）	3（18MPa）	2（6MPa）	1（15℃）
9	3（1.5MPa）	1（2MPa）	3（18MPa）	4（14MPa）	2（25℃）
10	3（1.5MPa）	2（10MPa）	1（2MPa）	3（10MPa）	1（15℃）
11	3（1.5MPa）	3（18MPa）	4（26MPa）	2（6MPa）	4（45℃）
12	3（1.5MPa）	4（26MPa）	2（10MPa）	1（2MPa）	3（35℃）
13	4（2.0MPa）	1（2MPa）	4（26MPa）	2（6MPa）	3（35℃）
14	4（2.0MPa）	2（10MPa）	3（18MPa）	1（2MPa）	4（45℃）
15	4（2.0MPa）	3（18MPa）	2（10MPa）	4（14MPa）	1（15℃）
16	4（2.0MPa）	4（26MPa）	1（2MPa）	3（10MPa）	2（25℃）

在进行试验之前，需要对岩土体动态冲击力学试验系统进行检查、调整与校对，确保仪器可以正常运行，得到的试验数据准确可靠。

首先，需要检查试验系统的入射杆、透射杆、冲击杆与三轴热—水—力耦合系统的轴心是否在同一水平直线上，若有偏差需要通过移动支架调整位置，使弹性压杆保持在一条水平直线上。弹性压杆调整完毕后，需要再检查入射杆与透射杆是否与三轴热—水—力耦合系统紧密贴合，目的是确保装入橡胶密封圈后三轴热—水—力耦合系统内的水体不会因高压挤压而漏水，并使其不断减小而无法保持在同一水平，进而影响试验结果的准确性。

其次，应变片的更换与粘贴。冲击系统长时间未使用时，试验开始前需要更换应变片。更换应变片时需要选择合适的位置，一般情况下选择在入射杆与透射杆的中间部位，每个杆件粘贴两片应变片，且两个应变片的相对位置是在杆件同一截面位置直径的两端。应变片粘贴前需要对杆件粘贴位置用细砂纸进行打磨，将其打磨光滑洁净后用丙酮进行擦拭干净，之后选择502胶水将应变片粘贴牢固。粘贴时，需要用塑料薄膜覆盖应变片并用手指轻轻按压，目的是让应变片与杆件紧密贴合，记录的数据能够更加准确。粘贴完整的应变片如图 3-26 所示。应变片粘贴完毕后需要在应变片周围缠绕一圈不导电的塑料胶布，防止应变片导线在冲击震荡下会与杆件接触形成短路，从而导致应变仪记录错误的试验数据，影响试验结果。

最后，利用焊锡枪将应变片导线与连接应变仪的导线焊接在一起。打开应变仪，检查线路是否闭合，若通道指示灯显示为红色为未闭合，需要重新连接应变片。选择对应的应变片通道，检查应变片是否有损坏，按下应变仪的归零按键，若显示的应变值数字小于或等于 0.003，则应变片完整无损坏，反之则需要重新粘贴应变片。每次冲击试验前，都需要检查应变仪通道是否连接，以及应变片是否损坏，为冲击试验做好充分的准备，确保试验顺利进行。

通常情况下，未对试验波形进行调整时，得到的入射波、透射波和反射波会存在上下波动较大的情况，甚至会出现锯齿状的正弦波，严重影响试验结果，为了消除波形跳动引起的试验误差，需要用到波形整形技术。波形整形有两个途径，一是改变冲击杆的形状，如采用梭形或锥形冲击杆。二是在冲击杆与入射杆接触面上贴一层很薄的金属片，即波形整形器，如图 3-27 所示。试验采用的是第二种方法，根据深部砂岩的应变率高及其力学特性，选用铜片作为波形整形器。在子弹冲击前用黄油将波形整形器粘贴在入射杆冲击端，波形整形器的试验参数见表 3-9。

图 3-26　粘贴牢固的应变片

图 3-27　波形整形器

波形整形器试验参数　　表 3-9

材质	平均直径（mm）	平均厚度（mm）	平均重量（g）
铜	40	3.0	15

试验发现，在放置铜片作为波形整形器后得到的波形图曲线更为平滑，曲线震荡的情况也改善许多，为试验结果的准确性提供了一定的保障。

3.4.3 试验步骤及操作

本试验流程简图，如图 3-28 所示。

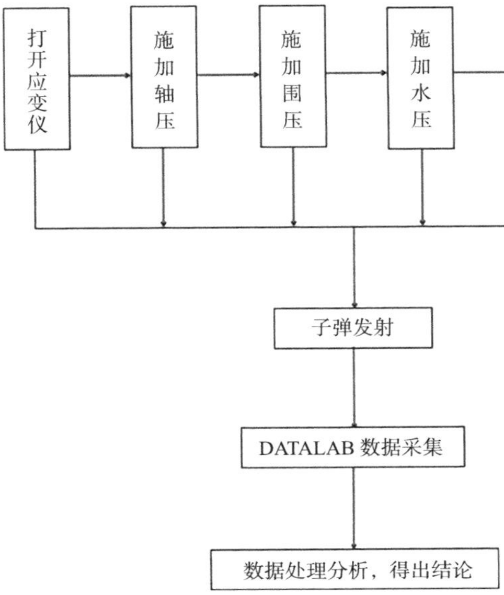

图 3-28 试验流程图

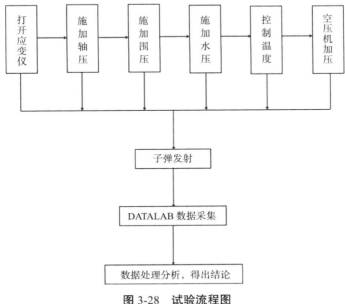

（1）试验开始前，准备已经制作好并编号的岩石标准试样分组备用。为了防止冲击试验过程中出现的误操进而影响试验结果，需要多准备些尚未编号的标准试样备用。

（2）检查子弹加速管、入射杆与透射杆是否处于同一水平直线上并调整校正；检查应变仪与应变片是否正常。

（3）选取一块备用的标准试样两端涂抹黄油，将试样放入三轴热—水—力耦合系统内，不施加围压与温度；施加 1MPa 轴压；冲击气压 0.5MPa。进行冲击试验，根据波形数据等判断仪器是否校正成功，应变仪与应变片是否正常工作。首次冲击时，根据标准试样的破损情况判断试验参数设置是否合理，以便后续试验的顺利进行。

（4）试验正式开始时，为确保试验顺利快速地进行，加温要比降温消耗的时间更短，优先从温度较低的参数试样做起，选取试验组编号中符合条件的标准试样备用。

（5）将橡胶垫层塞入三周加载器内，并与凹形槽贴合，通过液压装置将三轴热—水—力耦合系统推动到靠近入射杆一端，直至最大位移处。标准试样的两个端面均匀涂抹黄油，将试样垂直放入三轴热—水—力耦合系统内，用手推动试样使之与入射杆端紧密贴合，装样过程如图 3-29 所示。涂抹黄油的作用是为了降低试样与杆件之间的摩擦效应。

图 3-29　装样过程图图

（6）固定三轴热—水—力耦合系统，开始加载轴压。打开轴压液压机，通过液压压力使透射杆缓缓深入三轴热—水—力耦合系统内，直至与试样另一端面接触。继续施加轴压直至试验设置的期待压力值，轴压加载速率为 2MPa/s，加载时需要注意压力表，防止压力加载过大，使得试样未冲击破坏前便已被压坏，影响试验结果。

（7）轴压施加完毕后，需要继续加载围压。加载围压前需要关闭三轴热—水—力耦合系统上的回油阀门，否则围压加载不上。打开围压液压机，按住加载键开始施加围压。围压加载速率较大，加载速率为 10MPa/s，通常只需要几秒钟，加载时要时刻注意压力表的数值，控制好围压。若围压施加过大，需要打开回油阀门卸载围压后重新进行加载，以确保试验的准确性。

（8）轴压、围压施加完毕，最后施加渗透水压。施加渗透水压用到的是渗透水压加载系统，加载前，需要拆卸掉系统端的进水管道，先检查进水管道是否通畅。检查的方法是打开空压阀门，观察出水口是否有水流，待有水流流出后，连接进水管道与出水口并做好密封措施。然后关闭出水阀门，打开空压阀门开始加载渗透水压。渗透水压加载速率较慢，加载速率为 1MPa/s，加载时注意水压表压力数值，直至试验所需压力值。若渗透水压超过试验实际值，则打开出水阀卸载渗透水压，然后重新加载渗透水压。

（9）渗透水压加载完毕后，再进行温度加载。开始温度加载前需要将电热阻丝通过热电偶插孔插入三轴热—水—力耦合系统内，然后在操作台的温度控制系统上设置好试验所需的温度并点击确认，最后长按加载键开始加载温度。达到指定温度时需要关闭温度控制系统，防止系统自身产生的电磁波对试验波形产生一定的影响，进而影响试验数据的准确性。

（10）打开空气压缩机，将空气存储到发射装置内部，待达到预设压力值关闭空气压缩机，等待冲击试验的开始。打开计算机系统中的 DATALAB 软件，对试验采集的波形参数进行设置。滤波类型选择低通波，窗函数选择矩形，下线频率设置为100000。窗口函数 Y 轴选择手动设置，上限设置为 0.5，下限设置为 –0.5。然后进行硬件基本参数设置，触发源选择通道触发，Ch01 通道触发沿选择下降沿，其他通道选择禁止；采样速率 40MS/s；开始时间设置为 –0.02s；采集时间设置为 0.06s；校零选择远端校零。

（11）参数设置完成后，检查波形图是否符合试验条件。首先将应变仪归零，然后点击单次采集，按下操纵台的子弹回弹键，触发波形采集条件采集波形。若波形不受干扰且满足试验条件，则波形近似为重合的直线。反之，需要多次测试并调整直至波形满足试验条件。

（12）准备工作完成后，长按子弹回弹键直至子弹回弹到加速管底部，确保子弹获得足够的冲击速度。点击单次采集，应变仪归零，再次确认波形曲线。

（13）准备冲击试验，每次冲击前都需要将应变仪归零，点击单次采集等待触发。

（14）子弹预备发射，左手按下预备发射键准备释放气体，右手推动发射键然后迅速关闭，单次冲击试验完成。长按预备发射键将空气舱内压力释放，防止二次冲击破坏，造成试验安全问题。

（15）冲击结束后开始进行卸载，卸载的顺序是先卸载围压，其次是渗透水压，最后卸载轴压，目的是防止试验仪器被损坏。试验时应牢记加载与卸载顺序，并严格按照试验要求进行。

（16）卸载完成后，将冲击破坏的试样取出，用干毛巾擦拭干净并置于白色纸板上拍照存档。

（17）最后是试验数据处理工作。打开霍普金森压杆测试系统 ALT1000，将试验得到的电信号波形图导入测试系统进行计算。计算时，需要截取入射波、透射波和反射波的波形起点与终点，然后抓取波形图。抓取波形图后，设置计算参数。入射杆、透射杆材质选择弹簧钢（$60Si_2Mn$），弹性模量为 206000MPa；纵波在杆件中的传播速度为 5100m/s；增益系数选择 100；最后设置入射杆件、透射杆件、子弹和深部砂岩的尺寸参数进行计算。利用 Excel、Origin 等办公绘图软件得到应力—应变关系曲线图，再进一步获取时间—应变率、时间—应变以及时间—应力等时程曲线图。

3.5 试验结果与分析

3.5.1 平衡性验证

如图 3-30 所示，为冲击气压 1.0MPa、围压 18MPa、轴压 26MPa、渗透水压 2.0MPa、

温度为 25℃时平衡性验证的波形信号图和能量平衡图。从图 3-30 中可以看出，透射波的数值与反射波的数值叠加起来与入射波数值相同。从波形图分析计算得到的能量图中也显示应变能与透射能和反射能叠加的曲线图与入射能曲线图基本重合，这表明该次试验的应力已经基本实现平衡。试验中所有的试样均进行了能量平衡性验证，且都满足试验条件。

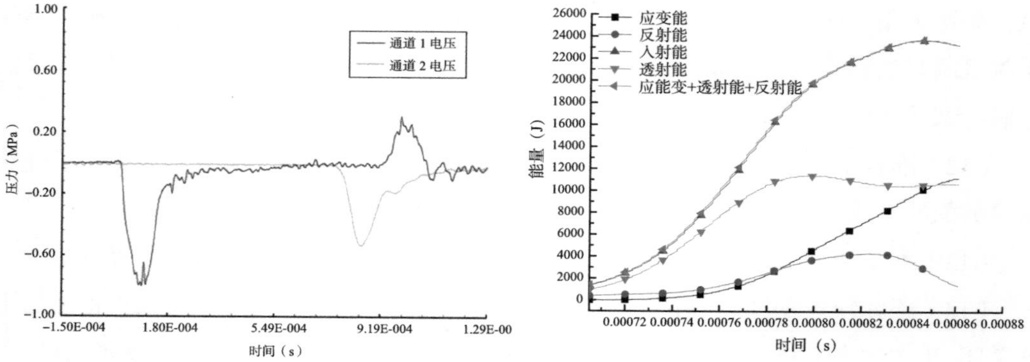

（a）波形信号图　　（b）波形信号图

图 3-30　试样平衡性验证

3.5.2　应力—应变特性

试验数据经过二波法处理后，得到了耦合环境下深部砂岩在冲击荷载下的典型应力—应变曲线，如图 3-31 所示。应力—应变关系曲线是研究岩石力学特性中最直接有效的途径之一，从图 3-31 中可以得出结论：在试样应力到达峰值应力前，最初始加载阶段应力—应变曲线的斜率保持不变，呈直线上升趋势，是岩石试样的弹性阶段，岩石材料的弹性模量与此阶段的变化密切相关。到达峰值应力后，应力下降的趋势平缓

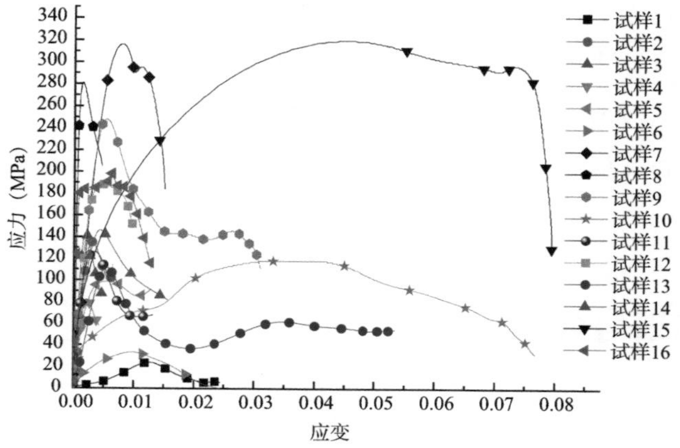

图 3-31　深部砂岩应力—应变曲线

阶段是岩石试样的屈服阶段，屈服阶段越长，表明屈服强度在不断增大。由图 3-31 中的试样 10 与试样 15 可以看出，随着冲击气压不断增大，三轴应力水平与渗透水压越大且温度越低时，岩石试样的应力屈服阶段就越长，屈服强度也就越大。

3.5.3 应变率时程曲线

深部砂岩的应变率时程曲线，如图 3-32 所示。从图 3-32 中可以看出，深部砂岩的应变率时程都在 1.35×10^{-3}s 以内，达到峰值应变率的时间范围在 $0.76\times10^{-3}\sim1.00\times10^{-3}$s。通过曲线 10 可知，在冲击气压为 1.5MPa、围压 10MPa、轴压 2MPa、渗透水压 10MPa、温度为 15℃的耦合条件下，达到了最大应变率且应变率变化范围最大，最大应变率为 294s^{-1}。在冲击气压相同的情况下，轴压、围压与渗透水压对试样的应变率均有显著影响：轴压、围压与渗透水压同时增大时，试样的峰值应变率呈增大的趋势，最大增长幅度为 225%。在 15℃、25℃、35℃和 45℃的温度下，温度对应变率的影响较小，当轴压、围压、渗透水压保持不变，虽然峰值应变率依然随着温度的升高而增大，但在提高冲击气压的条件下，峰值应变率增长幅度仅有 54.5%，依然是冲击气压占据主导因素。冲击气压不断增大时，试样的峰值应变率总体上呈增大的趋势，符合冲击荷载下岩石的动态应变率特性。

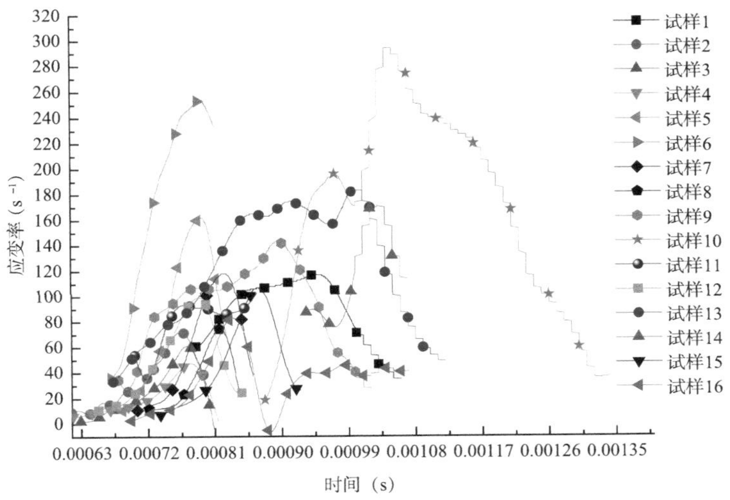

图 3-32 时间—应变率时程曲线

3.5.4 应变特性

深部砂岩时间与应变关系曲线，如图 3-33 所示，从图 3-33 中可以看出，深部砂岩的应变是不断增大的趋势，表明深部砂岩在不断被压缩变形。在 1.08×10^{-3}s 之前，应变增长速度快，应变曲线斜率较大，且随着时间的增长，斜率不断减小；冲击气压为2.0MPa、围压18MPa、轴压轴压10MPa、水压14MPa、温度15℃时，应变增长速率最快。其中，在冲击气压为1.5MPa、围压10MPa、轴压2MPa、水压10MPa、温度15℃以及冲击气压为2.0MPa、围压18MPa、轴压10MPa、水压14MPa、温度15℃时，深部砂岩的应变值最大，即深部砂岩的形变量最大，压缩程度最大。

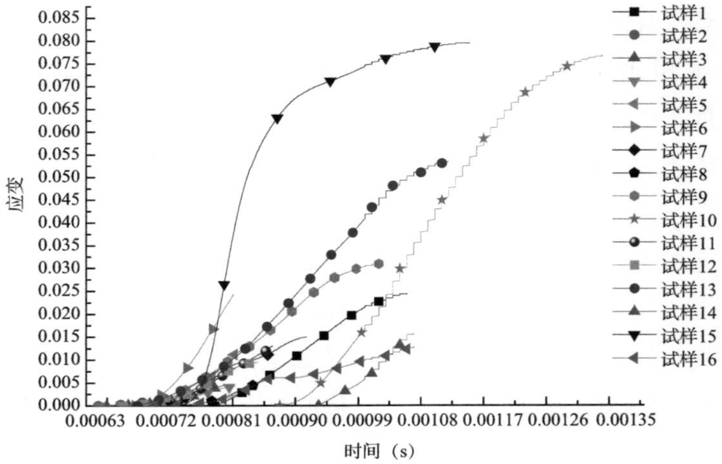

图3-33　时间—应变曲线

如图3-34所示，为深部砂岩在热—水—力耦合作用下峰值应变与冲击气压、围压、轴压、渗透水压和温度关系散点图。从散点图与应变均值拟合曲线可以看出，在复杂耦合环境下，深部砂岩的峰值应变随着冲击气压的增大而增大。在热—水—力耦合作用下，围压达到10MPa前，峰值应变随着围压的增大而增大，10MPa之后则表现出不断减小的趋势。常温下，峰值应变随着轴压与温度的减小而减小；而随着渗透水压的增大，峰值应变则表现出增大的趋势。

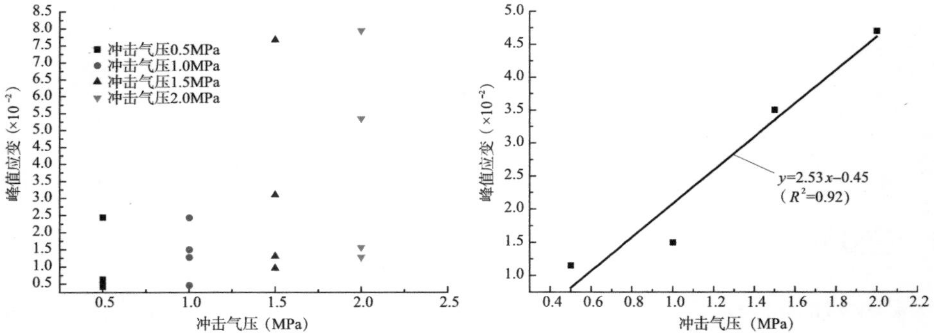

（a）峰值应变与冲击气压关系图

图3-34　峰值应变散点分布图与应变均值拟合曲线（一）

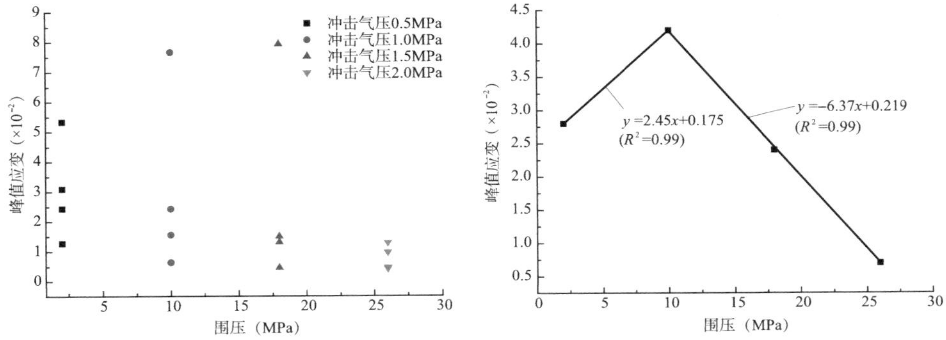

（b）峰值应变与围压关系图

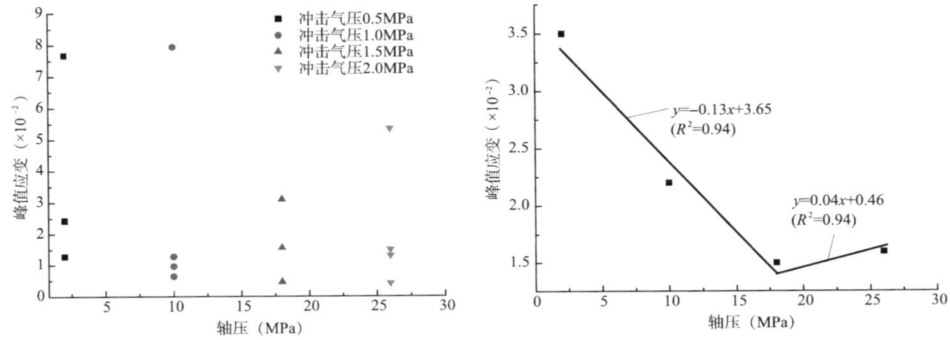

（c）峰值应变与轴压关系图

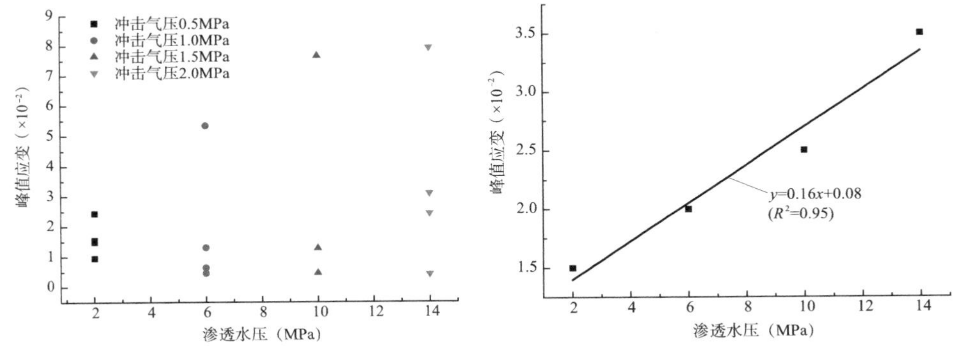

（d）峰值应变与渗透水压关系图

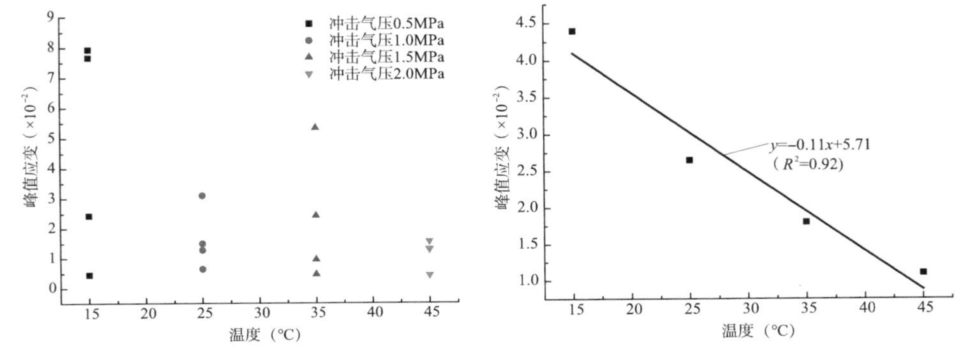

（e）峰值应变与温度关系图

图 3-34　峰值应变散点分布图与应变均值拟合曲线（二）

3.5.5 应力特性

深部砂岩动态抗压时间与应力关系曲线，如图 3-35 所示。由图 3-35 可知，加载时间在 $0.72\times10^{-3}\sim0.9\times10^{-3}\mu s$ 范围内时，90% 的岩石试样均已达到峰值应力。在冲击气压为 2.0MPa、围压 18MPa、轴压轴压 10MPa、渗透水压 14MPa、温度 15℃时，峰值应力达到了最大值，最大峰值应力为 319.9MPa。冲击气压相同的情况下，岩石试样所加载的围压和轴压越大，峰值应力越大；围压与轴压对试样峰值应力的影响比较显著，提升的幅度值高达 90% 以上。岩石试样的峰值应力与冲击气压的大小具有一定的关系，冲击气压越大，峰值应力越大。从时间—应力曲线的总体趋势可以看出，岩石试样达到峰值应力所需的时间极短，且 80% 的试样在达到峰值应力后迅速衰减，表明岩石试样抗压能力迅速消退，岩石内部已被破坏。

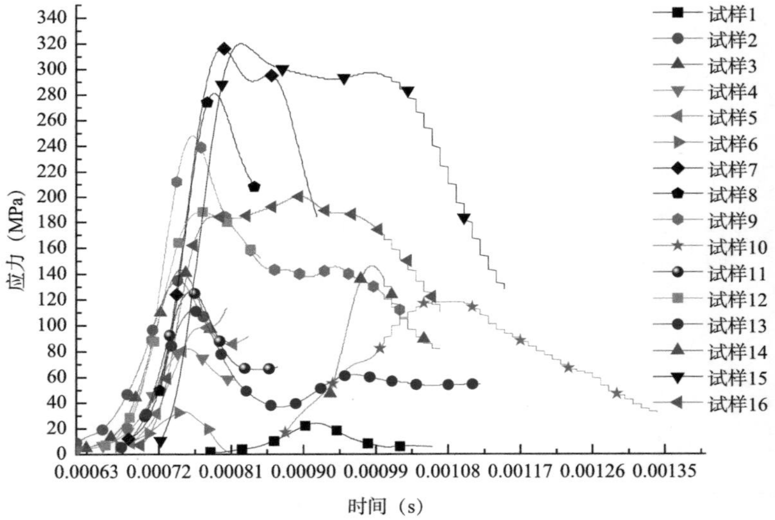

图 3-35 时间—应力曲线

如图 3-36 所示，为深部砂岩在热—水—力耦合作用下峰值应变与冲击气压、围压、轴压、渗透水压和温度关系散点图。从图 3-36 中的均值曲线可以看出，在复杂耦合环境下，深部砂岩的峰值应力随着冲击气压的增大而增大，与峰值应变变化特性具有一致性。围压与轴压增大时，峰值应力也随之增大，提升的幅度值在 90% ~ 110%；渗透水压对峰值应力的增幅影响相较于围压与轴压并不明显，随着渗透水压的改变，峰值应力强度的提升仅有 15%。温度在 25℃之前，峰值应力随着温度的升高而增大；而温度超过 25℃时，则表现为不断减小的趋势。

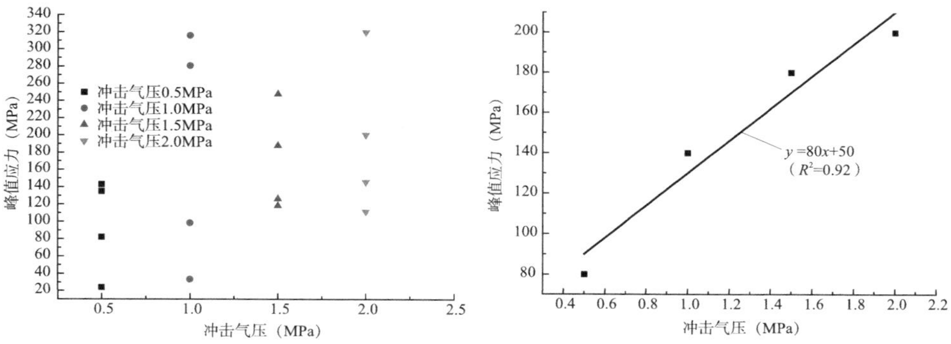

（a）峰值应力与冲击气压关系图

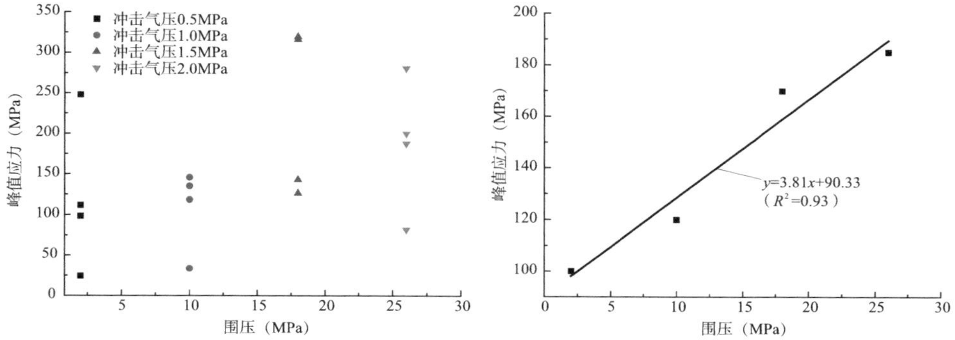

（b）峰值应力与围压关系图

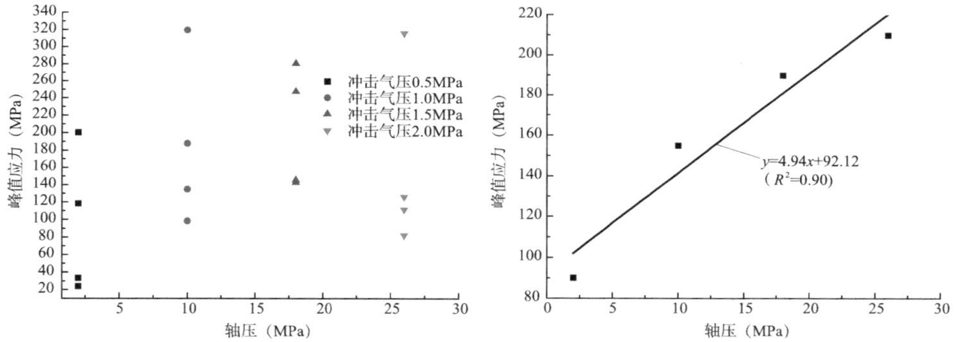

（c）峰值应力与轴压关系图

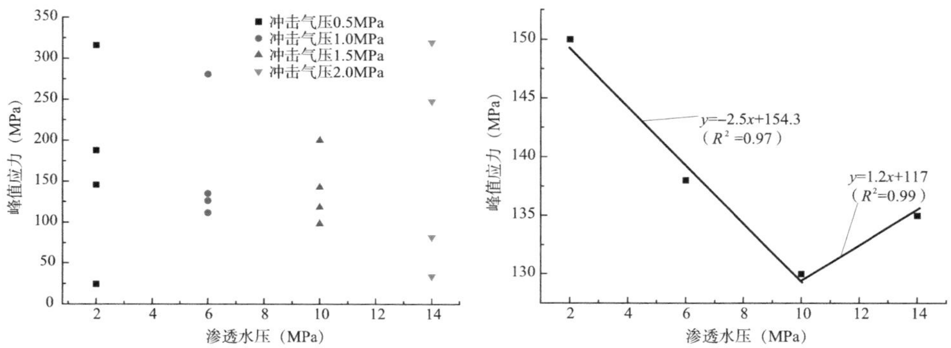

（d）峰值应力与渗透水压关系图

图 3-36 峰值应力散点分布图与强度均值拟合曲线（一）

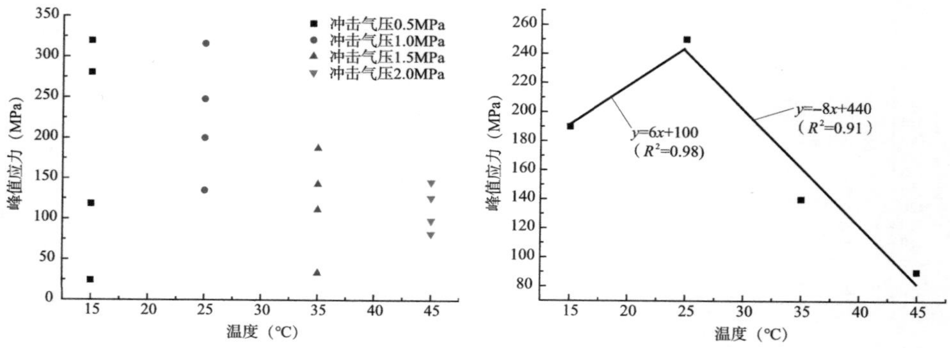

（e）峰值应力与温度关系图

图 3-36　峰值应力散点分布图与强度均值拟合曲线（二）

3.5.6　能量耗散规律

在岩土体动态冲击试验中，在冲击气压的作用下，子弹以一定的速度撞击入射杆件，根据动能原理可以计算出冲击动能为：

$$WZ=\frac{1}{2}mv^2=\frac{\pi}{8}LD^2\rho v^2 \tag{3-47}$$

式中　m——子弹的质量；

v——子弹撞击速度；

D——子弹直径；

L——子弹长度；

ρ——子弹密度。

试样在冲击之前，两端面均匀地涂抹了黄油用以减小摩擦效应对试验的影响，即认为试验过程中能量没有损耗。岩石破损消耗的能量等于入射能减去反射能和透射能。

如图 3-37 所示，为试验 16 组中最典型的试件典型能量时程曲线，从图 3-37 中可以看出，各类能量均随时间的增长而增长。在 0.77×10^{-3}s 之前，入射能与透射能的增长近似相同，增长速率相同，入射能略大于透射能；反射能与应变能增长近似相同，增长速率相同，反射能略大于应变能。0.79×10^{-3}s 之后，应变能增长速率增大，且应变能量高于反射能能量。

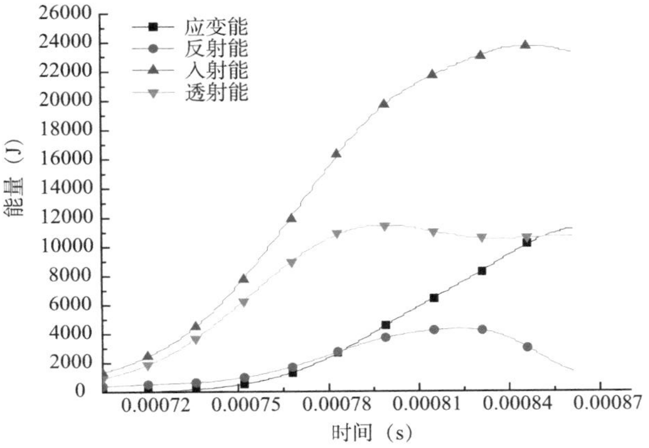

图 3-37 试件能量时程曲线

3.6 本章小结

本章节主要介绍了冲击试验的过程，包括前期的岩样制作、试验杆件和仪器的检查、试验过程中的数据和图片存储等；最后利用得到的有效数据使用 Origin 等软件拟合出各应力应变强度与外部环境条件之间的关系；得到应力—应变曲线，时间—应力曲线，时间—应变曲线以及峰值应力、峰值应变与外部影响条件关系的散点图。

04

第4章

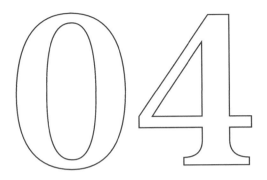

高地应力层状岩体双向聚能切缝裂隙演化试验研究

4.1 工程背景

试验的工程地质背景位于河南城郊煤矿 2611 工作面上巷，其设计长度为 1329.337m，巷道的坡度沿煤层顶板掘进。2611 上巷锚索梁矩形巷道净宽 4400mm，毛宽 4600mm，井下标高 –843.1 ~ –805.8m。工作面对应地表位于郝庄、冀庄以北，地表附属物主要为果园和农田，光明路自东向西穿过该工作面。2611 工作面上巷位于 26 采区南翼中部，东为 26 回风下山下段保护煤柱，南为 2611 工作面（未采），西为 F5 断层保护煤柱，北为 2609 工作面采空区。预计掘进期间 2609 采空区对掘进影响较大。2611 上巷工作面顶底板岩性，见表 4-1。

顶底板岩性表　　表 4-1

顶底板名称		岩石类别	厚度（m）	岩性特征描述
顶板	基本顶	细、粉砂岩及泥岩	8.83	浅灰—灰黑色、块状，具平行层理，断口平坦，泥质胶结
	直接顶	泥岩	1.36	黑色、质密，含大量植物化石，性脆、易碎
底板	直接底	砂质泥岩、粉砂岩	1.82	以黑色块状为主，含大量植物根茎化石碎片
	基本底	粉、细砂岩	11.14	灰白色，砂质泥岩灰黑色，泥质或钙质胶结，具波状层理，裂隙较发育且充填方解石脉

4.2 相似理论

在工程实际中，对试验对象做试验研究有时很困难，不仅试验周期很长，而且试验花费较大。将物理模型试验与相似理论结合起来可以减短试验周期，节约试验资源。在相似现象中包含几何相似、物理相似和数学相似；相似理论基本概念包含相似系数、相似指标、相似判据；相似理论的基础是相似三定理。

（1）相似第一定理（相似正定理）：彼此相似的现象，其相似准数的数值相同。

（2）相似第二定理（π 定理）：彼此相似的现象相似准数数值相同，它们的准数关系式也应相同。

（3）相似第三定理（相似逆定理）：凡物理本质相同的现象，当单值条件相似，且由单值条件中的物理量组成的相似准数数值相同，则现象必定相似。

根据相似三定理的定义可以看出，相似定理中第一定理、第二定理给出了相似现象所具备的性质及条件，是相似理论的必要条件。即相似必满足以上条件，但满足此条件不一定相似。相似第三定理给出了充分条件，定理中的单值量是影响现象的物理量。单值条件表示不能只用一个物理量表示的影响因素，边界条件、初始条件和几何条件等都可以称之为单值条件。符合相似三定理的物理模型试验在巷道围岩稳定性研究中取得了很好的成果，在深部巷道模型试验研究中值得推广。

量纲分析法

基于相似三定理的物理模型试验中，最主要的就是要求得相似准则，又称相似准数、相似参数、相似判据等，是物理量纲为一的量。量纲分析法、相似转化法及矩阵法等是求相似参数最常用的方法，本试验的相似准则主要通过量纲分析法来确定。在模型试验中，计算相似准则使用最多的方法就是量纲分析法，即 π 定理。量纲分析法分析了决定现象物理量的量纲，通过这些物理量量纲的组合能够求出量纲的参数。相似准则实质上是原型与模型之间的比值，而且这个比值是不变的常数，在设计物理模型时需要优先确定下来。几何、应力、应变、位移、变形模量、泊松比、体积力、密度、摩擦系数、内聚力、抗压强度和边界应力共计 12 个参数能够决定现象的物理量，式 4-1 ~ 式 4-3 是其相似常量的定义：

$$C_L = L_p/L_m,\ C_\sigma = \sigma_p/\sigma_m,\ C_\varepsilon = \varepsilon_p/\varepsilon_m,\ C_\delta = \delta_p/\delta_m \tag{4-1}$$

$$C_E = E_p/E_m,\ C_\mu = \mu_p/\mu_m,\ C_X = X_p/X_m,\ C_\rho = \rho_p/\rho_m \tag{4-2}$$

$$C_f = f_p/f_m,\ C_c = c_p/c_m,\ C_R = R_p/R_m,\ C_{\sigma^B} = \sigma_p^B/\sigma_m^B \tag{4-3}$$

式中 C_L、C_E、C_X、C_R、C_σ、C_ε、C_δ、C_μ、C_ρ、C_f、C_c、C_{σ^B}——分别代表几何、变形模量、体积力、抗压强度、应力、应变、位移、泊松比、密度、摩擦系数、内聚力和边界应力的相似常量；

L、E、X、R、σ、ε、δ、μ、ρ、f、c、σ^B——分别表示几何、变形模量、体积力、抗压强度、应力、应变、位移、泊松比、密度、摩擦系数、内聚力和边界应力的参数；

下标 p——原型对应的参数；

下标 m——物理模型对应的参数。

在各物理量的量纲为一的组合中，重复变量选取 C_L，C_ε，C_f，C_μ 又自身量纲为一，属于无量纲量。因此，物理模型必须满足的公式为：

$$\frac{C_\sigma}{C_\rho C_L} = 1 \tag{4-4}$$

$$\frac{C_\delta}{C_\varepsilon C_L} = 1 \tag{4-5}$$

$$\frac{C_\sigma}{C_\varepsilon C_L} = 1 \tag{4-6}$$

$$C_{\varepsilon}=C_{f}=C_{\mu}=1 \tag{4-7}$$

根据以上公式可知，如果确定了几何相似常量 C_L，便可以推导出其他相似常量。上述四个公式能够指导物理模型试验中的相似参数、制造模型的材料、物理力学性质、模型尺寸及比例、加载力的大小以及边界条件的选取。

在选取模型参数的过程中，要以控制重要因素为前提，例如本试验中模型的大小受到模型试验台大小和加载荷载大小的限制。又因为研究的内容，即高地应力层状岩体双向聚能切缝裂隙演化规律，为了试验的可操作性，巷道模型尺寸不宜过小。又因受到模型台净尺寸的限制，故应首先确定最优的几何相似参数。最后，通过几何相似参数就可以确定其他相似参数，进一步选取模型制作材料并测量物理力学性质。

4.3　试验装备

实物试验、计算机模拟和物理模型试验是目前试验研究的三大类，也是岩石力学的试验研究最常用的三类。实物试验耗费的周期长，浪费的资源多，且安全性低；计算机模拟发展较晚，数值模拟理论尚不完善，数值模拟软件也不够成熟，越来越多的研究学者选择物理模型进行试验并分析数据。在物理模型试验中，合理选择模型材料及记录试验过程中岩体的实时响应，再加上外加荷载的设计能对岩石的破坏模式和力学机制进行更深入的研究，使现场原型岩体的实际力学行为能通过物理模型试验达到更精确的表达。综上所述，物理模型试验既经济安全，又能满足模拟原型岩体实际行为的要求，所以我们采用物理模型试验对工程岩体的力学行为进行探测。

4.3.1　模型试验台

MST-600 模拟试验台采用了微机控制、数字化处理、图形界面等先进技术，关键部件使用进口产品，具有结构简洁、功能强大、数据处理准确、界面友好、操作简单、使用维护方便等特点,应用于模拟隧道的力学性能测试。该设备的主要技术指标如下。

（1）物理模型净尺寸：长 × 宽 × 高 =400cm × 40cm × 200cm。

（2）试验台外形尺寸：长 × 宽 × 高 =500cm × 65cm × 650cm。

（3）物理模型应变场均匀度相对偏差小于 5%。

（4）物理模型的最大开挖尺寸可达 40cm。

（5）物理模型边界可以施加的最大荷载集度为 0.375MPa。

（6）荷载集度的相对偏差小于 1%。

（7）施加的边界荷载可稳压 48h 以上。

（8）主机总重量可达 14700kg。

由于采用了微机控制技术，可以在试验过程中全程、实时地显示试验负荷—时间曲线，试验曲线，试验结果可自动保存，试验结束后可重新调出，可再现负荷—时间曲线。人机界面采用全中文，上手容易。还具有限位保护、超载保护等功能。模型试验台应当在以下环境条件中使用：

（1）环境温度 10 ~ 35℃，温度波动度不大于 2℃ /h。

（2）相对湿度不大于 80%。

（3）电源电压的变化不超过额定电压的 10%，频率为 50Hz。

（4）周围无明显的电磁干扰、无冲击、无震动、无腐蚀性介质。

（5）试验机周围应留有不小于 1 m 的空间，环境整洁、无灰尘。

4.3.2 结构原理

采用钢质框架结构（图 4-1），由上横梁、移动横梁、底梁及两侧的竖梁组成。上横梁装有手拉葫芦，用于升降移动横梁及前后两侧的槽钢。移动横梁、底梁及左右竖梁构成一个封闭的受力框架。移动横梁上配置 11 个垂向伺服油缸，左右竖梁上各配置 6 个水平伺服油缸，共 23 个伺服加载油缸。垂向伺服油缸全部工作时，总力 600kN，水平油缸全部工作时，总力 400kN。

图 4-1 模型试验台

液压系统采用共用油箱的独立双路液压系统，垂向和水平方向各有单独的油泵及控制阀，可按不同的试验要求各关启一组~四组的伺服油缸。油箱采用大容量设计，并有风冷装置，有长时间的工作能力。

控制系统采用双路独立设计，工作时，垂直方向和水平方向可设置独立的负荷加载速度、负荷保载点和负荷保持时间。控制阀采用力士乐伺服阀，控制采用工业控制专用 PC 机，以具备长时间不间断的工作能力。对试验过程中两个方向上的负荷—时间数据均有记录，可再现负荷—时间曲线。

（1）垂直加载系统

垂直加载系统由移动横梁、垂直油缸组及底梁组成，设计时梁的安全系数大，具有足够的抗弯性能。垂向加载油缸均为双向伺服油缸，共 11 个，均匀分布工作长度内，活塞杆与压板间采用刚性联结，压板间留 10.5mm 间隙，以保证不形成梁式传递，同时尽可能均匀地向试验体传递压力。11 个伺服油缸分成四组，分别由电气柜的“垂向一组”~“垂向四组”按钮控制。

（2）水平对置加载系统

水平对置加载系统由左右竖梁和安装于竖梁内的两组各 6 只伺服油缸组成。垂向加载油缸均为双向伺服油缸，左右各 6 个，共 12 个，均匀分布工作长度内。活塞杆与压板间采用刚性联结，压板间留 10mm 间隙，以保证不形成梁式传递，同时尽可能均匀地向试验体传递压力。12 个伺服油缸分成四组，分别由电气柜的“水平一组”~“水平四组”按钮控制。

（3）液压系统

200L 容积油箱，配备两组 4L/min 的精密齿轮泵电机组，安装在油源上的阀路块对各伺服油缸组分路供油，对单独关闭的油缸组设置了换向阀，可以根据需要关闭和开启。

（4）控制系统

控制系统由一套工业控制 PC 机、传感器、专用双路控制板卡、专用控制软件及执行元件力士乐伺服阀组成。控制板卡采集传感器上输出的压强信号，经模数转换后传递给 PC 机，经由软件分析、比较、计算后，输出控制信号经模数转换、放大后调节伺服阀对液压系统工作压力作正向或负向调整，以达到恒加荷或保载的要求。垂向加载和水平加载各自有独立的传感器和控制板卡，软件单独加以运算，因此可设置独立的负荷加载速度、负荷保载点和负荷保持时间。

4.4 岩体相似模拟材料选取

相似模拟试验具有研究周期短、成本低、简单易行等优点，是国内外目前室内研究经常采用的方法，并且该方法在岩土工程应力应变工程分析中已得到了广泛应用。在相似模拟试验研究中，相似材料的选取及配比是试验进行的基础，也是最关键的一步。在对国内外已有的相似材料进行比较分析的基础上，选取石膏作为主要原料制作相似模拟材料。

4.4.1 试验配比

巷道掘进过程中，巷道的顶板与底板均含有1.36～1.82m厚度的泥岩，泥岩的各项强度指标小，力学特性较低，属于软岩一类。在聚能切缝爆破下不仅需要研究深部砂岩的破坏特性，研究深部巷道顶板泥岩的破坏特性对实际工程的安全施工也具有重大意义。

本书中的相似模型试验模拟深部巷道顶板泥岩的力学特性，单轴抗压强度较低，拟采取石膏与水，并通过不同的配合比来得出最佳水灰比。配合比结果见表4-2。

纯石膏相似材料配合比及材料质量 表4-2

水灰比	0.4	0.5	0.6	0.8
水	0.240	0.300	0.360	0.480
石膏	0.600	0.600	0.600	0.600

4.4.2 试件的制作

材料的力学试验是研究中至关重要的一步，为了研究相似材料的不同配比，采用ϕ100mm×50mm的特制钢质模具。模具的内表面光滑平整，不平度不超过0.05mm，模具底部中心有一ϕ2mm圆孔，便于气枪冲击取出试块。试件的制作过程如下：

（1）根据预先设计好的配比，计算出每次水、石膏的重量。

（2）称量出各个配合比成分的用量，备用。

（3）准备模具，模具内壁清洗干净并均匀涂抹脱模机油以便脱模。

（4）将石膏倒入搅拌皿中，徐徐倒入定量的水并搅拌均匀。

（5）将搅拌均匀的搅拌物倒入钢制模具中，并稍微溢出模具。

（6）将装填好的模具置于振动机振动10s，振捣密实，排出气泡。

（7）用刮刀刮平后静置1d，之后脱模并及时清洗模具。

（8）试样制作完成后，将试样放入恒温60℃的养护箱中养护24h。

制作好的标准模型试件，如图 4-2 所示。

图 4-2　部分石膏标准试件

4.4.3　物理力学参数测定

试样养护完成后，对标准试样进行单轴压缩试验、巴西劈裂试验和不同围压水平的标准三轴试验，每组水灰比选取 5 块标准试块进行试验，去掉最大值与最小值后取平均值，结果见表 4-3。

纯石膏标准试件物理力学参数　　表 4-3

水灰比	密度（g/cm^3）	抗压强度（MPa）	抗拉强度（MPa）	弹性模量（GPa）	泊松比
0.4	0.96	2.29	0.20	3.28	0.18
0.5	0.84	1.34	0.18	2.34	0.22
0.6	0.77	0.37	0.13	1.28	0.25
0.8	0.55	0.21	0.11	0.89	0.33

通过对大量不同配合比的相似模拟材料进行室内物理力学性能测试，最终获取了能够较好模拟原岩的相似模拟材料的配合比。当水灰比按照 0.6 : 1 配制时可以模拟中风化泥岩。

4.5　试验设计

4.5.1　模型设计

物理模型试验系统模型台的最大净尺寸为 4m × 2m × 0.4m（长度 × 宽度 × 厚度），

如图 4-3 所示。依托工程巷道的断面形状为矩形，宽度为 4400mm，高度为 4000mm，根据围岩影响圈和试验系统客观条件确定最优几何相似参数为 8，因此设计的巷道模型尺寸为 550mm × 500mm；模型试验台单边加载系统可施加的最大力为 600kN，巷道顶板泥岩抗压强度为 2.65MPa，因此确定应力相似参数为 7；基于确定的几何相似参数和应力相似参数，根据式（4-4）~ 式（4-7）确定材料密度相似参数为 0.875；最终计算的相似模型材料的物理力学参数应满足式（4-8）：

$$\sigma'_{\mathrm{m}} = \sigma_{\mathrm{p}}/C_{\sigma}, \rho'_{\mathrm{m}} = \rho_{\mathrm{p}}/C_{\rho} \tag{4-8}$$

式中　σ'_{m}、ρ'_{m}——分别表示相似设计模型材料的强度和密度；

σ_{p}、ρ_{p}——分别表示巷道顶板泥岩的强度和密度。

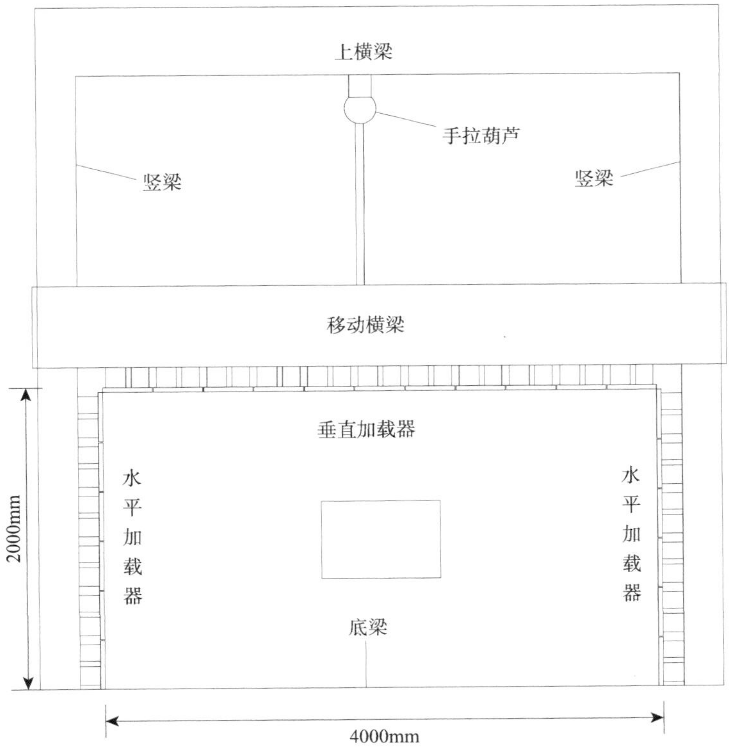

图 4-3　**物理模型结构示意**

根据表 4-4 巷道顶板泥岩物理力学参数，利用式（4-8）计算的设计模型的物理力学参数如表 4-5 所示。

采用普通模型专用石膏粉，对水灰比为 0.6 : 1 的标准试件进行了各项物理力学参数测定，实测的相似模型材料物理力学参数如表 4-6 所示。

巷道顶板泥岩物理力学参数　　表 4-4

岩组	密度（g/cm³）	抗压强度（MPa）	抗拉强度（MPa）	弹性模量（GPa）	泊松比	内摩擦角（°）
泥岩	2.83	2.65	5.59	21.01	0.127	36.35

设计的石膏标准试件物理力学参数　　表 4-5

岩组	密度（g/cm³）	抗压强度（MPa）	抗拉强度（MPa）	弹性模量（GPa）
泥岩	3.23	0.38	0.10	1.63

实测的相似模型材料物理力学参数　　表 4-6

岩组	密度（g/cm³）	抗压强度（MPa）	抗拉强度（MPa）	弹性模量（GPa）
泥岩	3.20	0.37	0.13	1.28

由表 4-5 和表 4-6 可知，实测的相似模型材料物理力学参数与设计的石膏标准试件物理力学参数之间并不完全一致，存在微小误差，根据彭岩岩对泥岩岩组密度、抗压强度、抗拉强度、弹性模量等物理模型试验中实际制造的物理有限单元板主要力学参数与设计模型主要力学参数之间的误差范围研究，认为本次试验中泥岩岩组实测相似模型材料物理力学参数与设计的石膏标准试件物理力学参数之间的误差均在允许范围内，故实际制造的相似模型材料能够满足试验要求。

4.5.2　物理模型浇筑

根据试验设备实际情况和试验要求，物理模型为整体浇筑，达到养护强度后能够较好地模拟依托工程的泥岩岩组。

（1）支模

石膏浇筑前，将模型台内部清扫干净，利用手推式叉车移动钢制长条模板使之与模型台正面紧密接触，用螺栓固定钢制模板。钢制模板为凹形槽钢，长度为 500cm，宽度为 20cm。由于每块模板之间存在较大空隙，水灰比相对较大的石膏搅拌物流动性大，容易从空隙中流失，造成材料的浪费，并为模型浇筑带来困难，因此钢制模板搭建后，在钢制模板内壁与实际制造的泥岩模型外壁之间放入一层厚度 10mm 的木制模板，并用铝质胶布对缝隙、孔洞进行密封，如图 4-4 所示。模板搭建完毕后，在木制模板上均匀涂抹脱模机油，以防止拆模时损坏泥岩模型。模板搭建时分三层进行，每完成一层，浇筑一层石膏。

试验中模拟的巷道采用预留巷道的方式，用木制模板搭建出巷道模型，待石膏浇筑到巷道底板所在水平面处，将巷道模型固定在模型试验台内形成预留巷道，待养护完成后取出模板。图 4-5 为巷道模型安装图。

图 4-4 模板搭建

图 4-5 巷道模型安装

（2）石膏浇筑

石膏浇筑根据模板搭建主要分三层进行，石膏模型一天内完成浇筑，以保持石膏模型的整体性。每层石膏浇筑至设计应变片的位置时，应暂停浇筑以粘贴应变片，当应变片粘贴完毕经检测符合设计要求后，继续进行石膏浇筑。石膏浇筑时，必须严格按照试验配合比准备好水和石膏，同时必须用混凝土搅拌器搅拌均匀后倒入模型试验箱内，然后用振动棒振捣密实。石膏浇筑如图 4-6 所示。

（3）应变片粘贴

石膏浇筑到应变片设计位置时，停止浇筑，将石膏模型表面抹平，当石膏具有初步强度后（需静置约 20min），在设计的应变片粘贴处轻轻刮出 2mm 深的凹槽，并用 502 胶水进行粘贴，最后养护 10min。应变片粘贴并养护完毕后，用同样水灰比的石膏搅拌物粘贴应变片导线，以防止石膏浇筑过程中对导线造成冲击从而引起应变片损坏和偏离监测点，使试验结果产生误差。图 4-7 为应变片粘贴图。

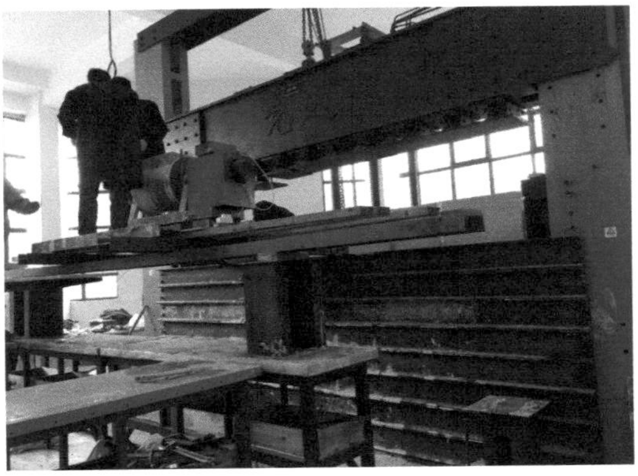

图 4-6 石膏浇筑

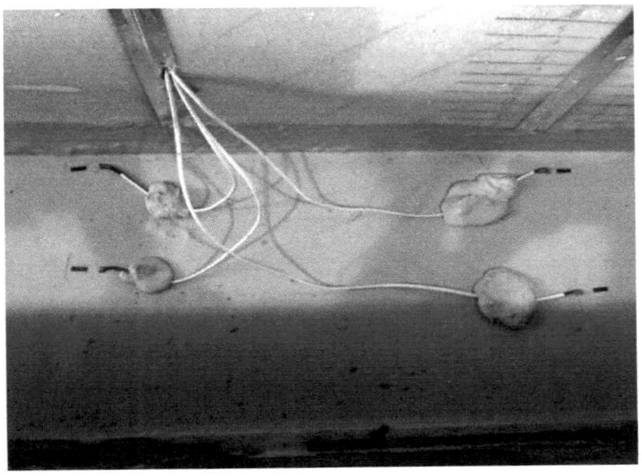

图 4-7 应变片粘贴

（4）聚能切割设计

本试验共设计 2 个聚能切割孔，设切割孔位置距巷道顶板左侧 20mm（图 4-8），切割孔直径为 20mm，切割孔深度为 250mm。切割孔成孔方式采用塑料管道进行预制，塑料管孔径为 20mm、长度为 250mm（图 4-9）。待模型浇筑完毕拆模后，将塑料管抽出。

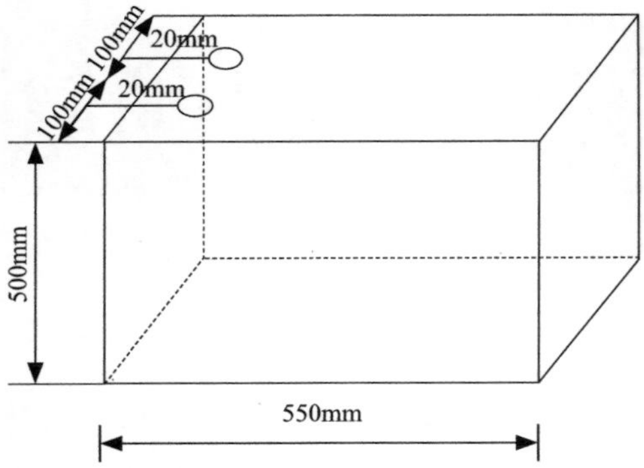

图 4-8　切割孔位置示意图

图 4-9　切割孔预留示意

聚能切缝方式为双向聚能切缝，采用课题组自主研发的聚能切割装置切割，如图 4-10 所示。切割装置由高压氮气瓶、分压瓶和聚能切割头组成。高压氮气瓶能提供的压力最大为 16MPa；分压瓶控制切缝处聚能流大小并维持恒定压力；聚能切割头对称的两个侧面设计了聚能孔，高压氮气在聚能孔处形成聚能流。试验时，将聚能切割装置的聚能切割头伸入切割孔内并做好密封措施，设置好分压瓶阀门压力值。试验开始时，打开高压氮气瓶阀门，依据试验设计要求进行聚能流释放。

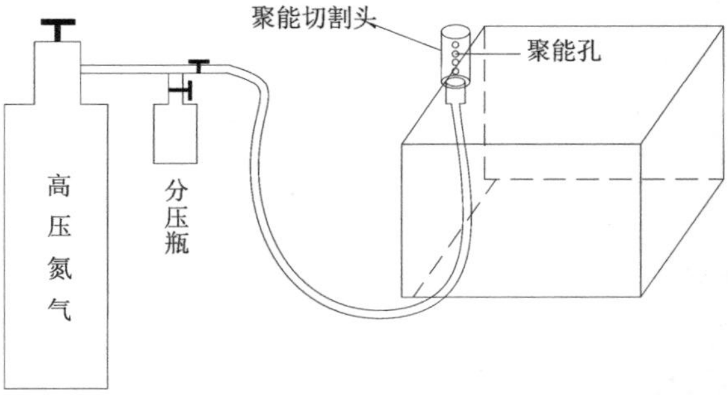

图 4-10　聚能切割装置示意图

（5）模型养护

物理模型浇筑后在室温 20℃的条件下进行自然养护，养护时间为 28d，待达到设计强度时方可进行试验。图 4-11 为养护中的物理模型。

图 4-11　养护中的物理模型

（6）数据采集

采用 DS2-8B 全信息声发射信号分析仪配合增益可调放大器及 RS-2A 传感器，多通道同步采集物理模型破坏时的声发射信号，如图 4-12 所示。

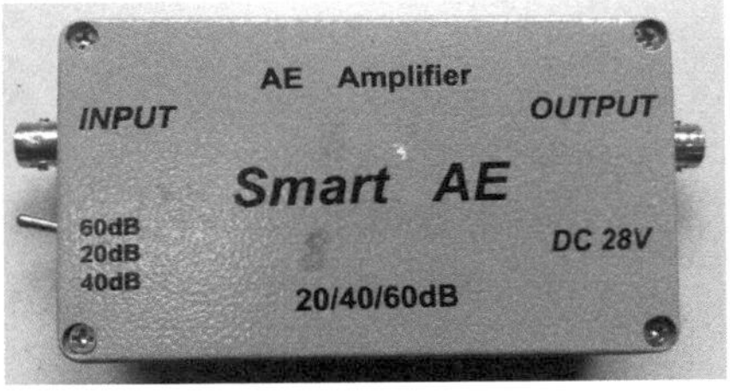

（a）增益可调放大器

（b）RS-2A 传感器

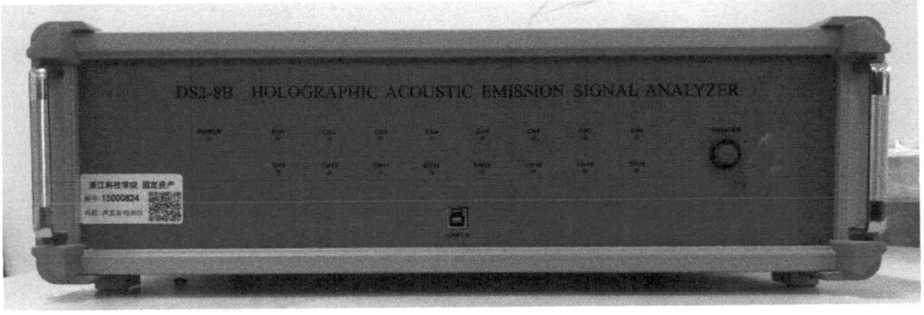

（c）信号分析仪

（d）现场应变数据采集系统

（e）现场声发射数据采集系统

图 4-12　模型试验数据采集设备

4.5.3 监测设计

在试验过程中需要监测的有位移应变、声发射信号及红外热成像。构建的物理模型及监测元件布置总图如图 4-13 所示。

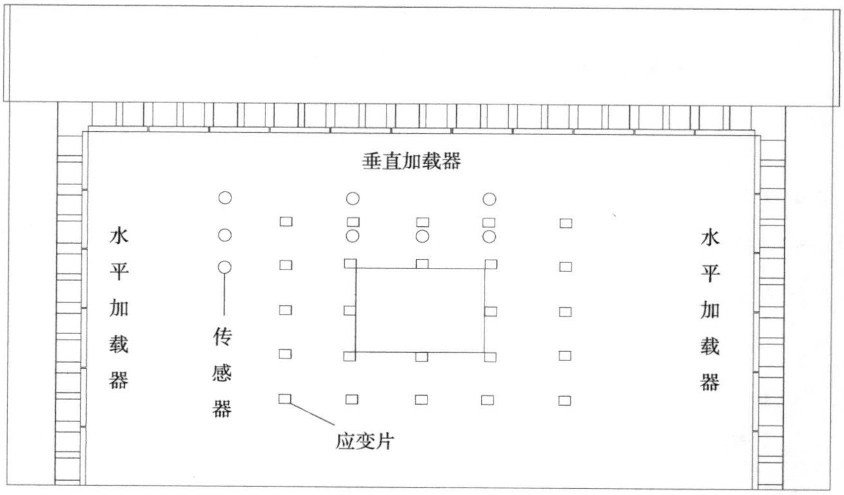

图 4-13　物理模型及监测元件布置示意图

（1）位移应变数据采集

物理模型发生变形破坏时，内部会产生应变场，可以通过在物理模型内粘贴应变片，利用静态应变测量系统获得物理模型的位移场和应变场数据。根据模型台与巷道的尺寸，应变片布置 5 层，共计 72 片。应变片布置图如图 4-14 所示。

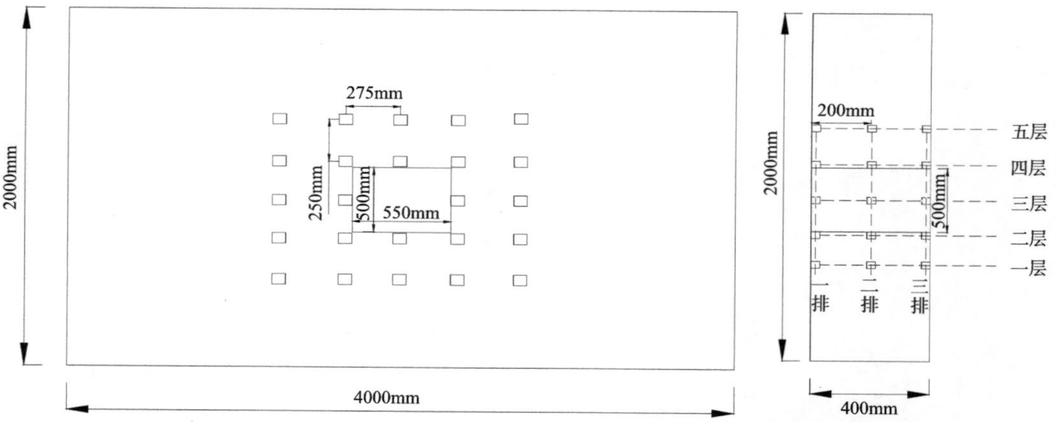

（a）物理模型剖面图（沿巷道宽度方向）　（b）物理模型剖面图（沿巷道长度方向）

图 4-14　应变片布置示意图（一）

（c）一排应变片布置简图

（d）二排应变片布置简图

（e）三排应变片布置简图

（f）一层应变布置片简图

（g）二层应变布置片简图

（h）三层应变布片置简图

（i）四层应变片布置简图

（j）五层应变片布置简图

图 4-14 应变片布置示意图（二）

（2）声发射信号数据采集

利用声发射系统获得加载过程中的声发射信号，对试验开始后传感器接收的所有信号进行记录并对采集的波形进行整体评估。本次试验共用 8 个声发射传感器，传感器的位置、平面定位和布设图如图 4-15 所示。

（3）红外热成像采集

试验主要采用同济大学王建秀教授团队的 Fluke TiR110 型红外热成像仪（图 4-16），采集聚能切缝时巷道顶板岩体的红外热像信息。采集时先对现场温度进行量测，然后对设备进行参数设置，最后选取巷道聚能切缝的影响范围进行红外热像信息采集。模型加载和聚能切缝的全过程均采集红外热像信息，并采用 SmareView3.2 版软件对红外图像进行处理，主要是透光率矫正、水平和跨度的调节、红外图像融合、图像或温度数据导出等。

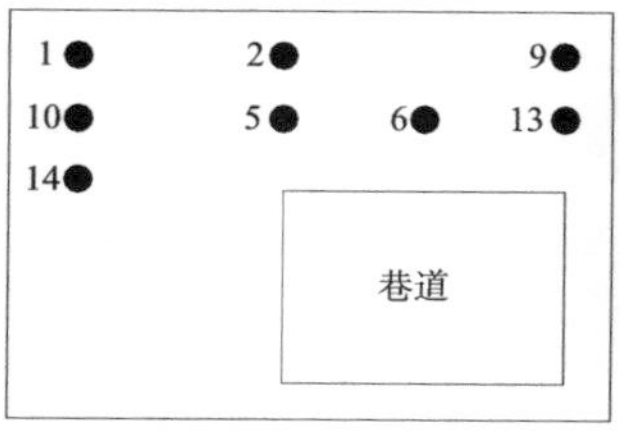

（a）传感器位置

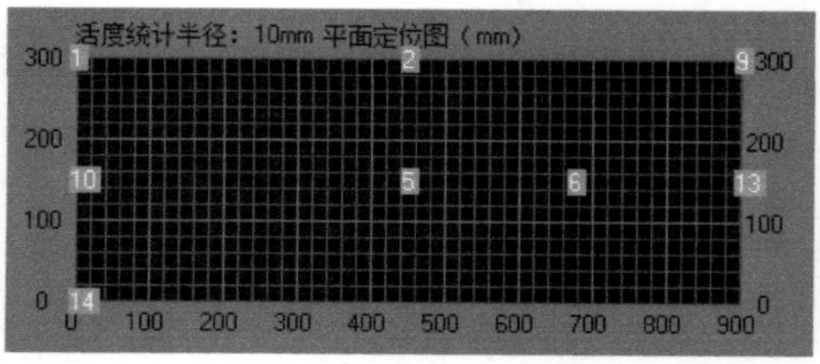

（b）传感器平面定位

（c）传感器现场布设

图 4-15　传感器的位置、平面定位和布设图

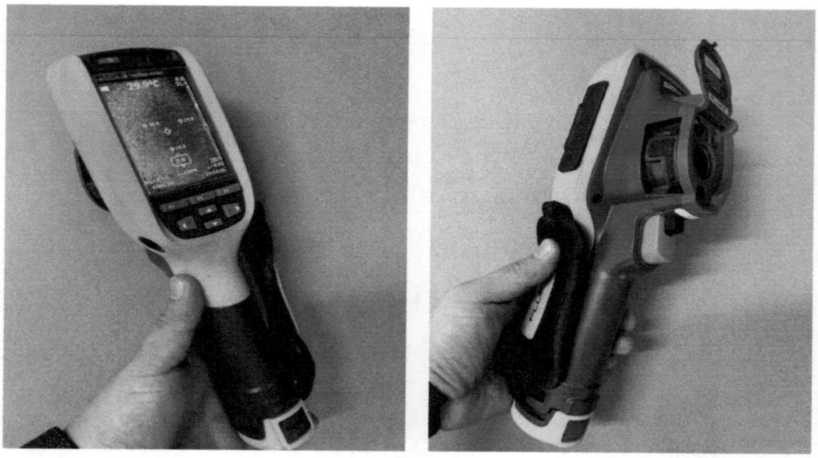

图 4-16　红外热成像仪

4.6　试验结果与分析

4.6.1　加载路径

二维加载是为了模拟巷道在实际过程中的受力状态，垂直应力代表的是巷道上覆岩层重量产生的压力。加载过程共分 6 个阶段，每个阶段均先施加水平应力，如图 4-17（a）所示，达到设计值时再施加垂直应力，加载路径如图 4-17（b）所示。A 阶段施加水平应力至总负荷的 2% 并维持该应力水平，然后施加垂直应力至总负荷的 2%；B 阶段维持 2% 的垂直应力，继续施加水平应力至 5% 并维持稳定，继而施加垂直应力至 5%；C、D、E、F 阶段均遵循此加载方式，依次将水平应力与垂直应力增至总负荷的 10%、20%、50%、80%。

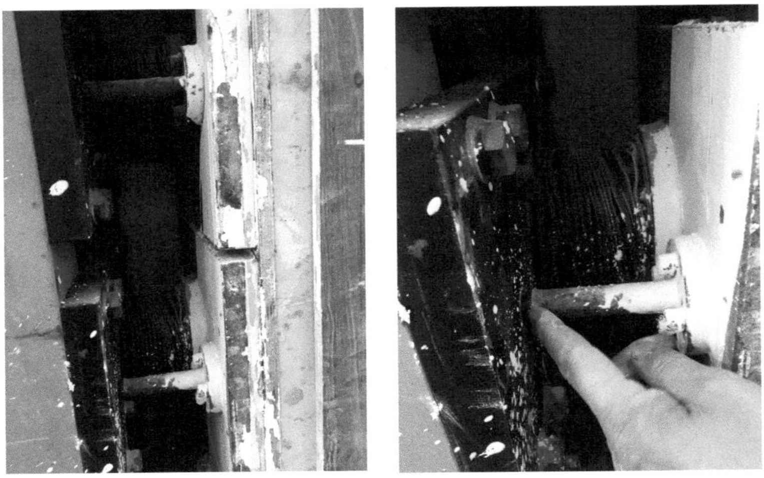

（a）施加水平应力

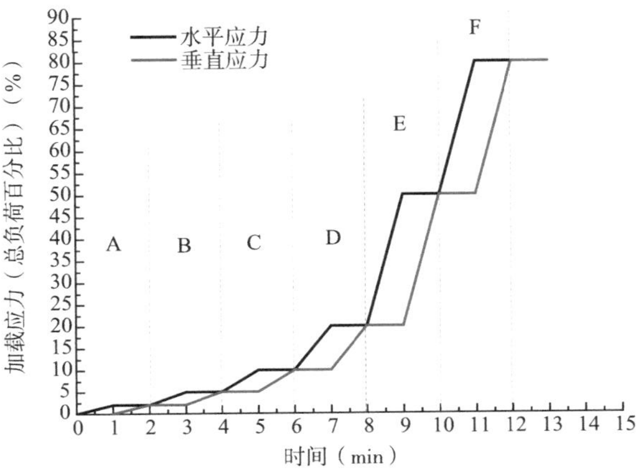

（b）水平应力和垂直应力施加

图 4-17　加载路径

4.6.2 巷道围岩变形破坏过程

试验共设应变片 72 片，应变片损坏 12 片。对完整的应变片采集数据进行处理，得到不同监测点的时间—应变曲线，如图 4-18 ~ 图 4-22 所示。

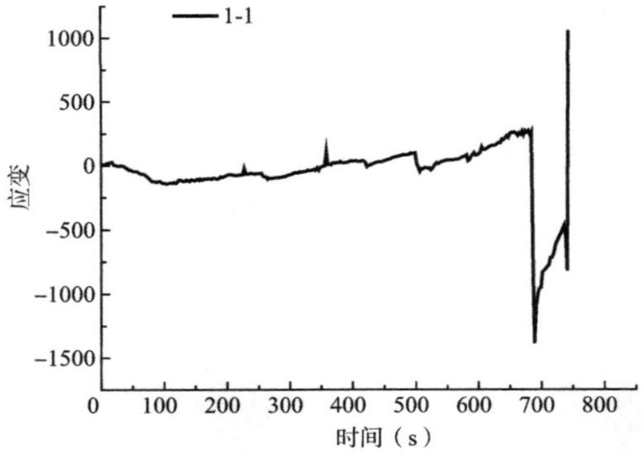

（a）1-1 时间应变曲线

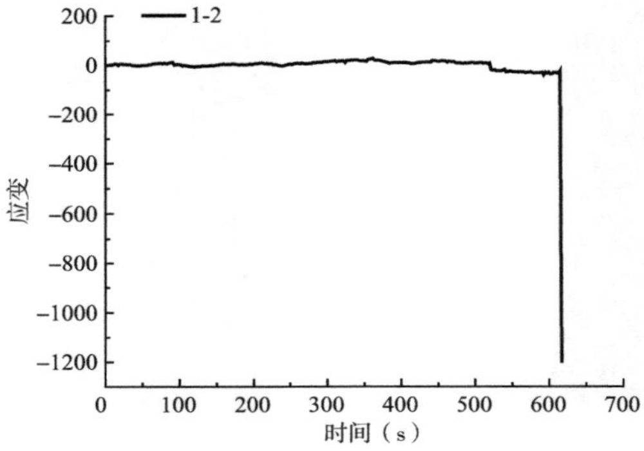

（b）1-2 应变时间曲线

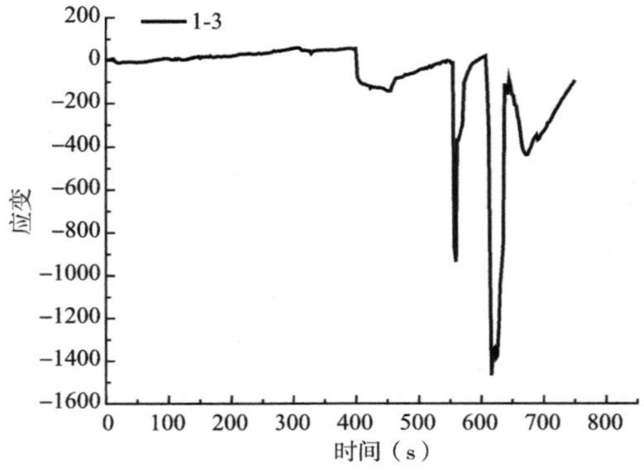

（c）1-3 时间应变曲线

图 4-18　1 层监测点时间应变曲线（一）

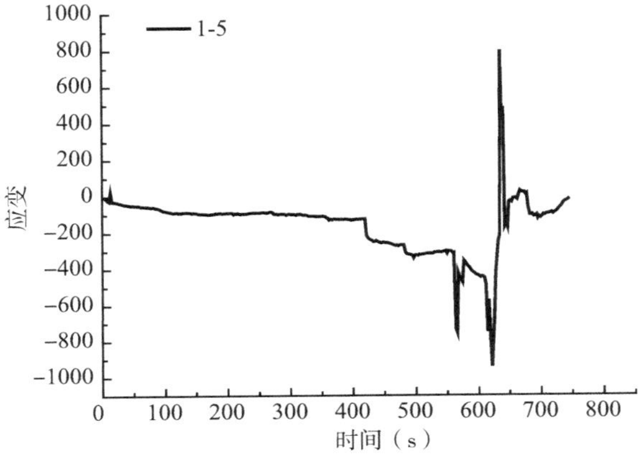

（d）1-5 时间应变曲线

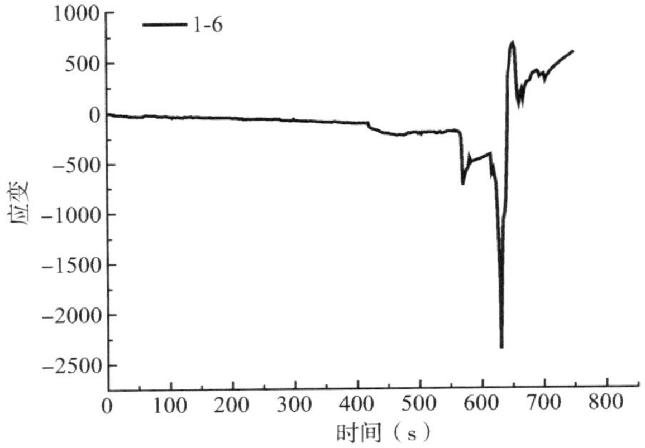

（e）1-6 时间应变曲线

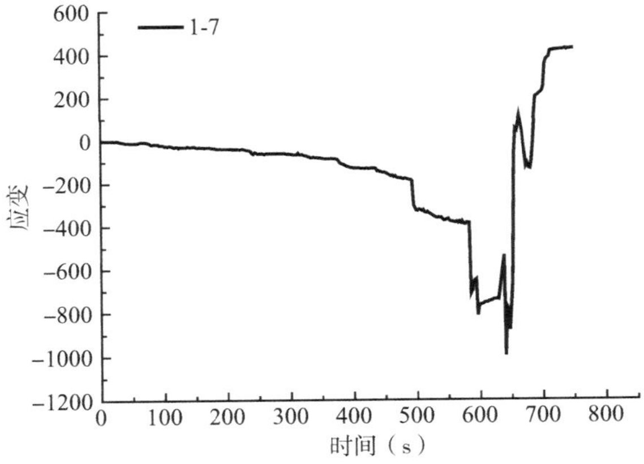

（f）1-7 时间应变曲线

图 4-18　1 层监测点时间应变曲线（二）

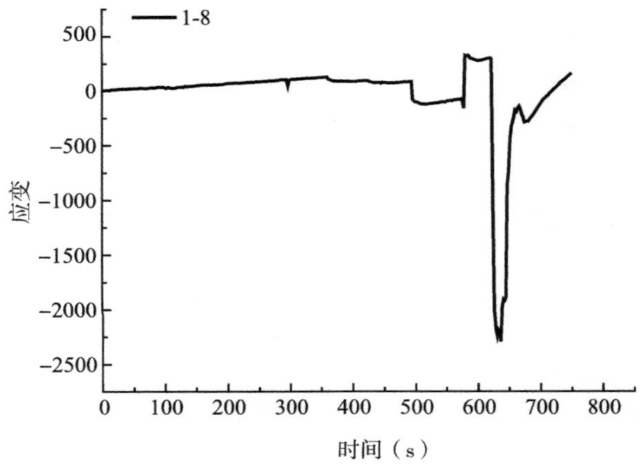

（g）1-8 时间应变曲线

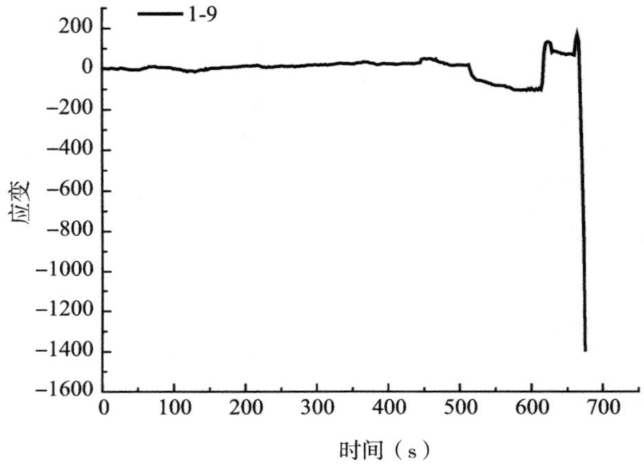

（h）1-9 时间应变曲线

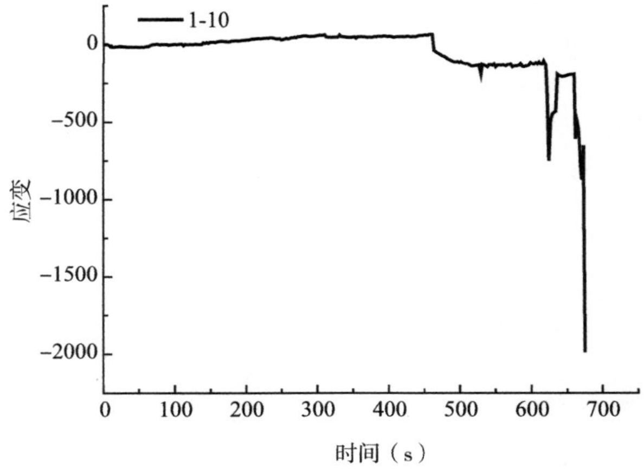

（j）1-10 时间应变曲线

图 4-18　1 层监测点时间应变曲线（三）

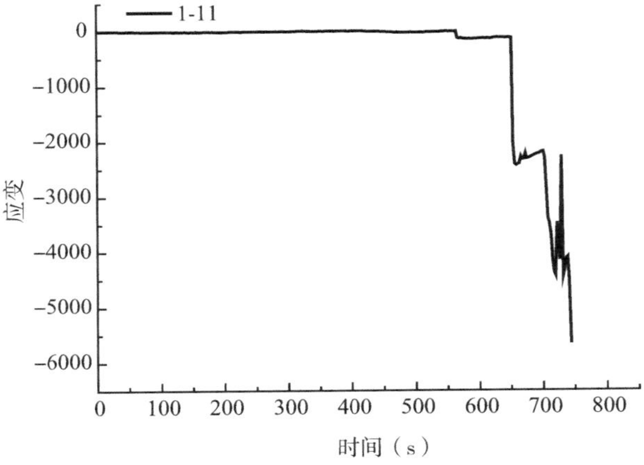

（k）1-11 时间应变曲线

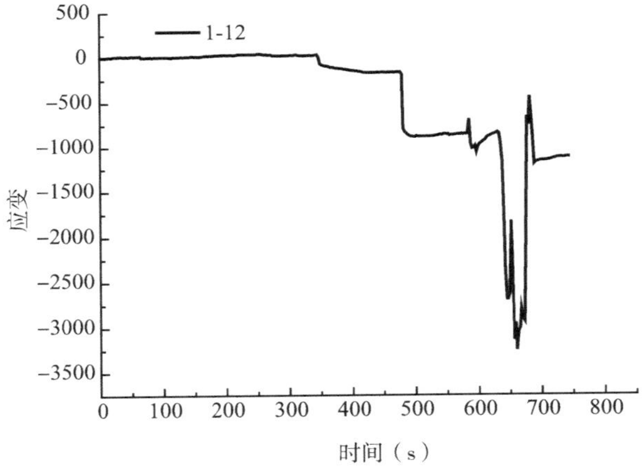

（m）1-12 时间应变曲线

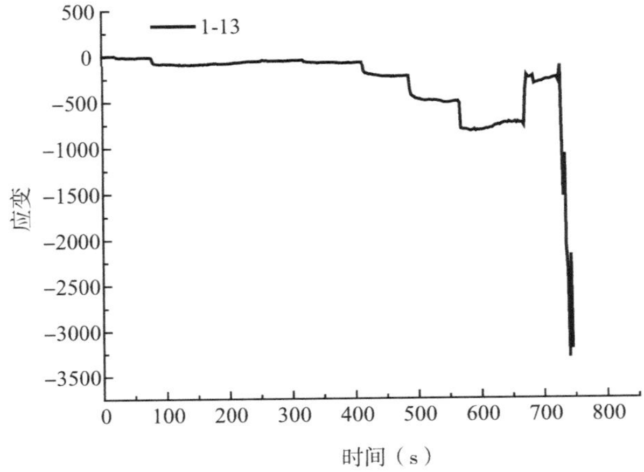

（n）1-13 时间应变曲线

图 4-18　1 层监测点时间应变曲线（四）

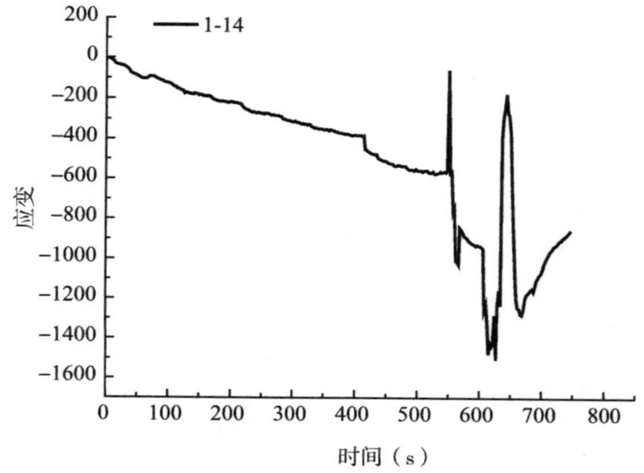

（p）1-14 时间应变曲线

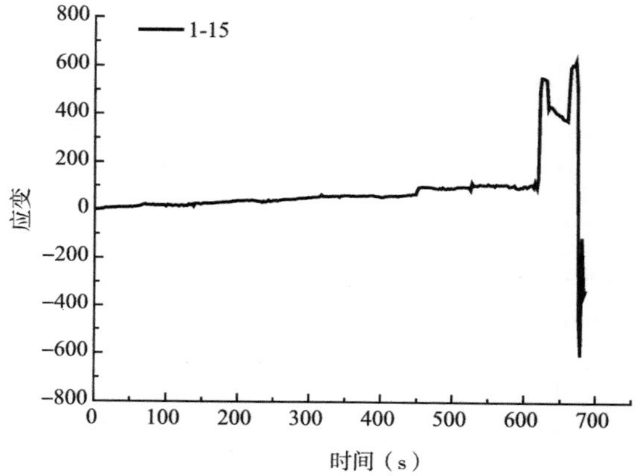

（q）1-15 时间应变曲线

图 4-18　1 层监测点时间应变曲线（五）

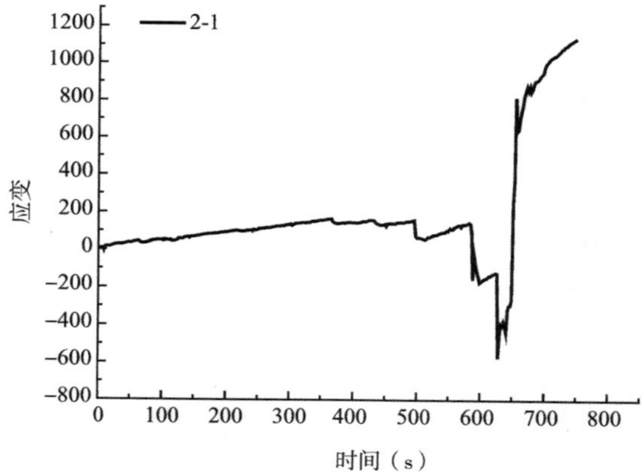

（a）2-1 时间应变曲线

图 4-19　2 层监测点时间应变曲线（一）

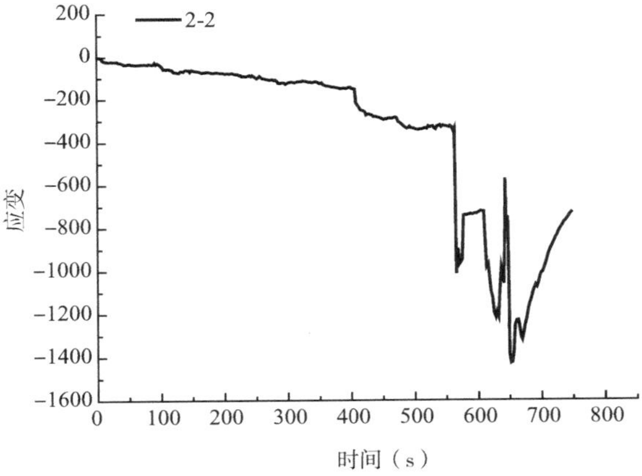

（b）2-2 时间应变曲线

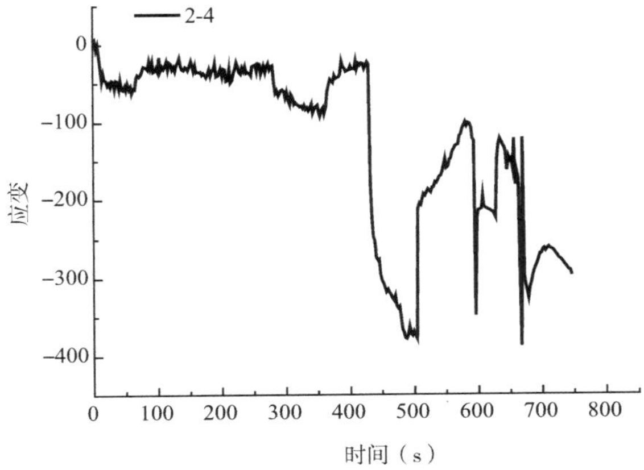

（c）2-4 时间应变曲线

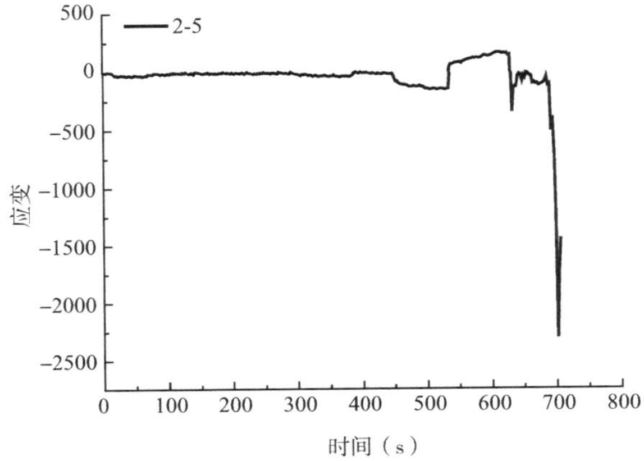

（d）2-5 时间应变曲线

图 4-19　2 层监测点时间应变曲线（二）

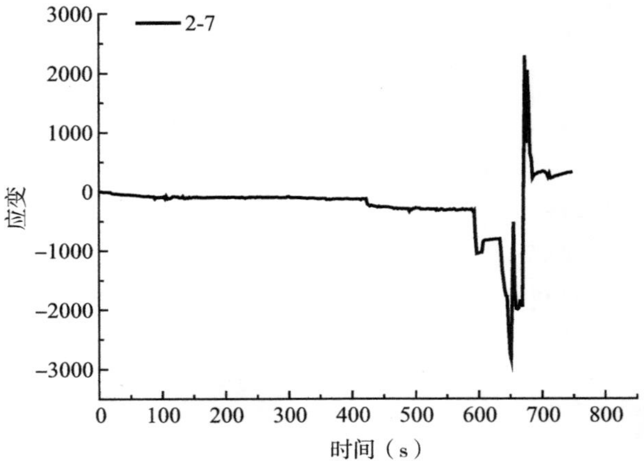

（e）2-7 时间应变曲线

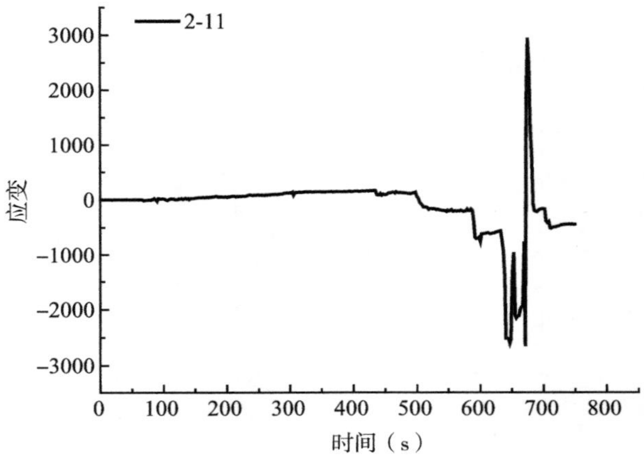

（f）2-11 时间应变曲线

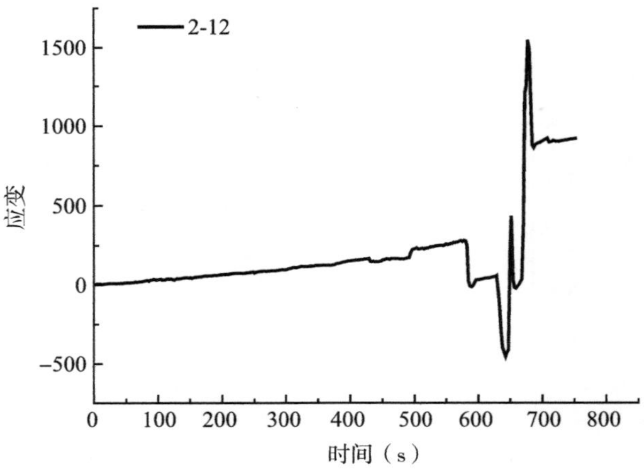

（g）2-12 时间应变曲线

图 4-19　2 层监测点时间应变曲线（三）

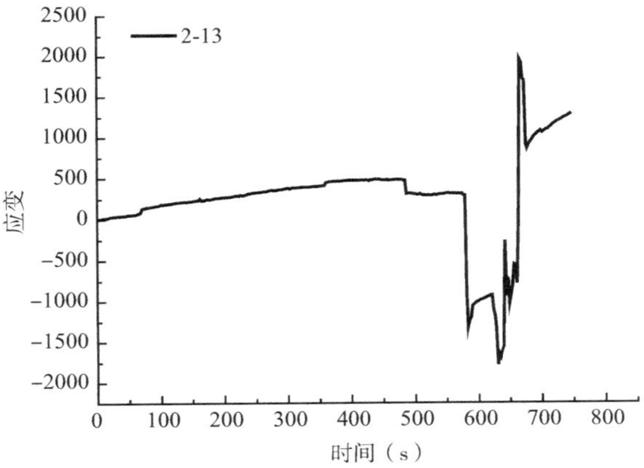

（h）2-13 时间应变曲线

图 4-19　2 层监测点时间应变曲线（四）

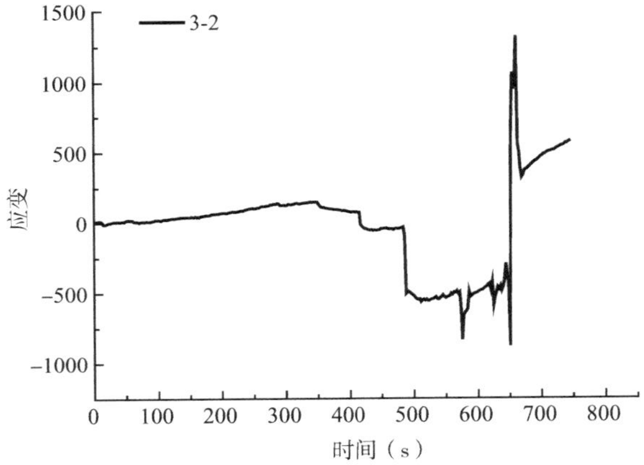

（a）3-2 时间应变曲线

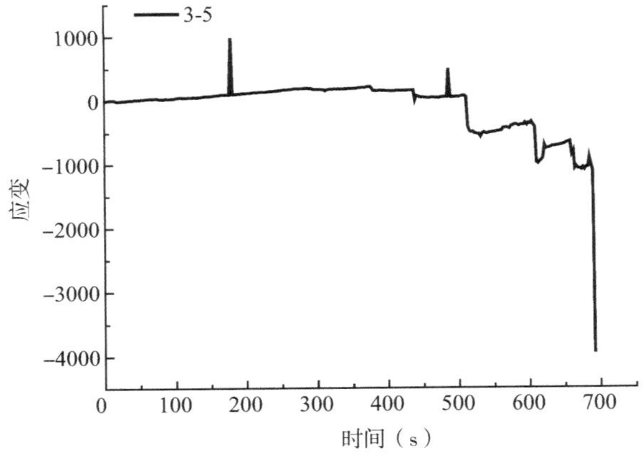

（b）3-5 时间应变曲线

图 4-20　3 层监测点时间应变曲线（一）

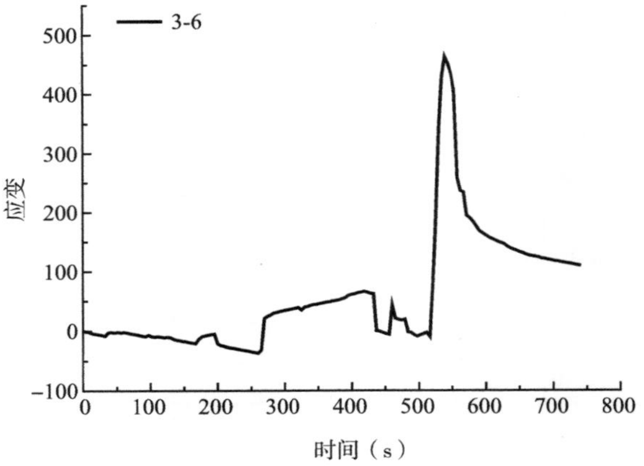

（c）3-6 时间应变曲线

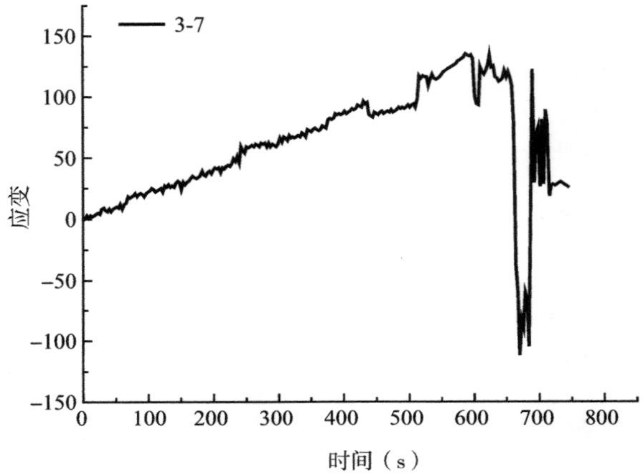

（d）3-7 时间应变曲线

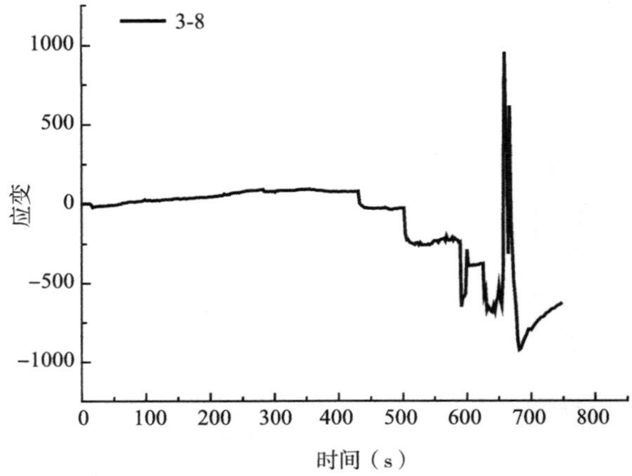

（e）3-8 时间应变曲线

图 4-20　3 层监测点时间应变曲线（二）

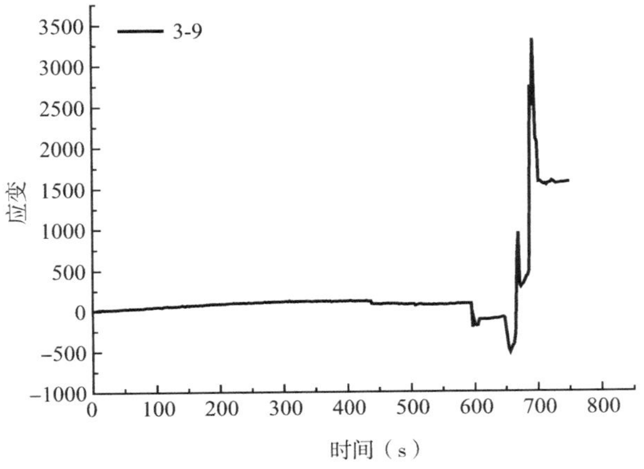

（f）3-9 时间应变曲线

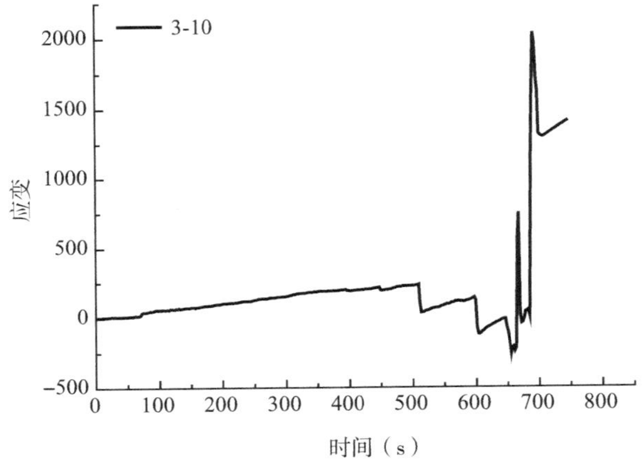

（g）3-10 时间应变曲线

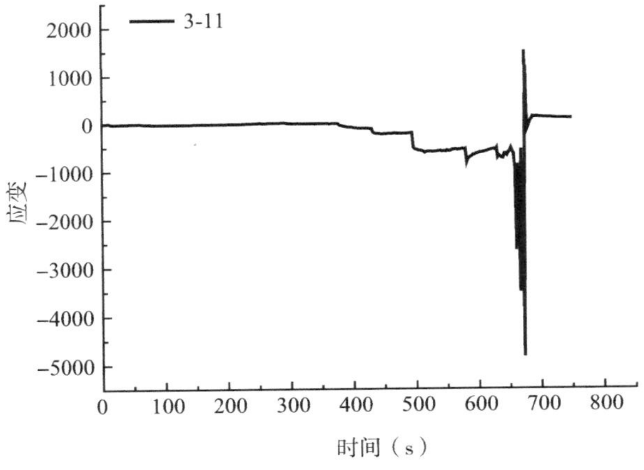

（h）3-11 时间应变曲线

图 4-20　3 层监测点时间应变曲线（三）

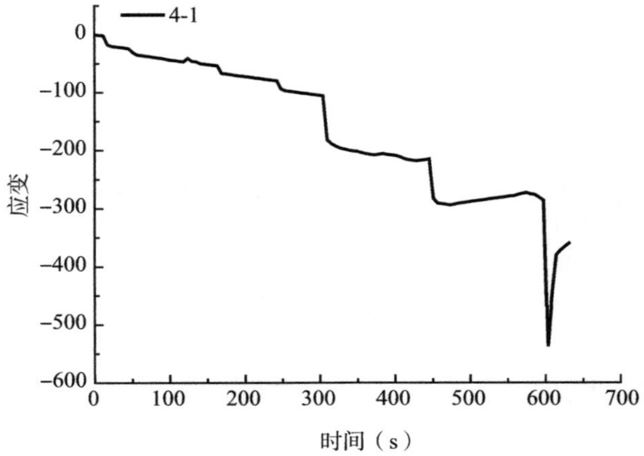

（a）4-1 时间应变曲线

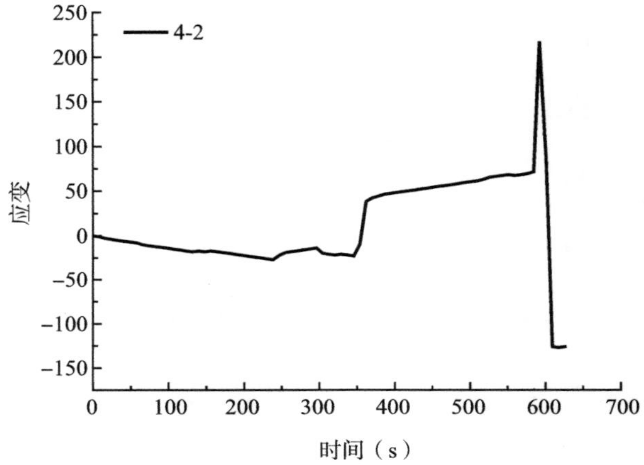

（b）4-2 时间应变曲线

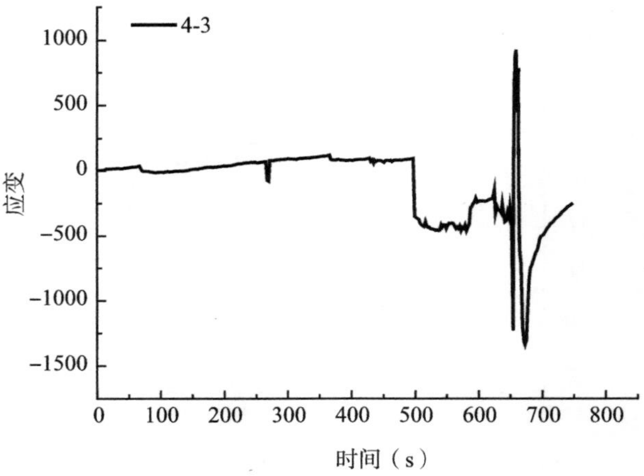

（c）4-3 时间应变曲线

图 4-21　4 层监测点时间应变曲线（一）

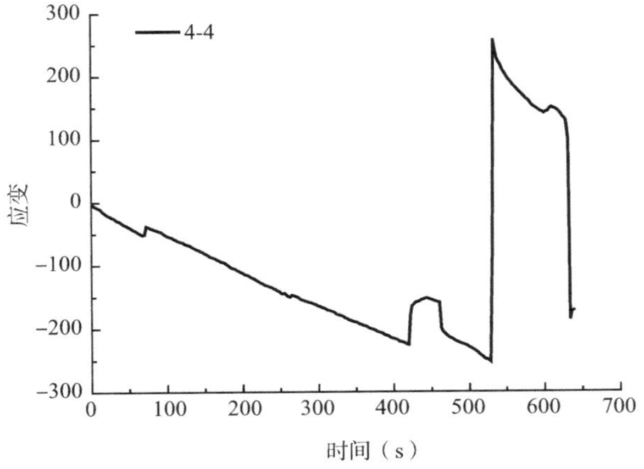

（d）4-4 时间应变曲线

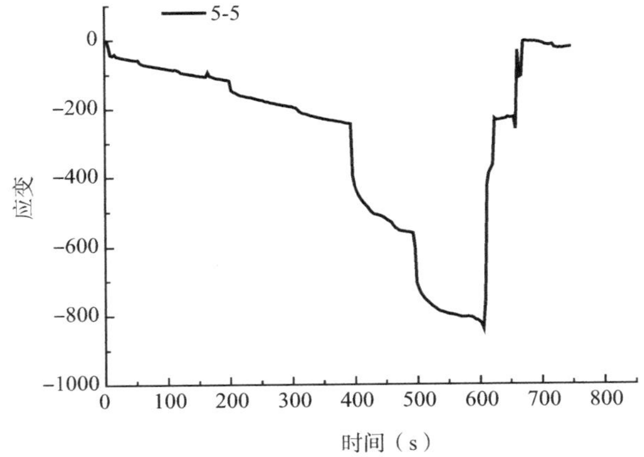

（e）4-5 时间应变曲线

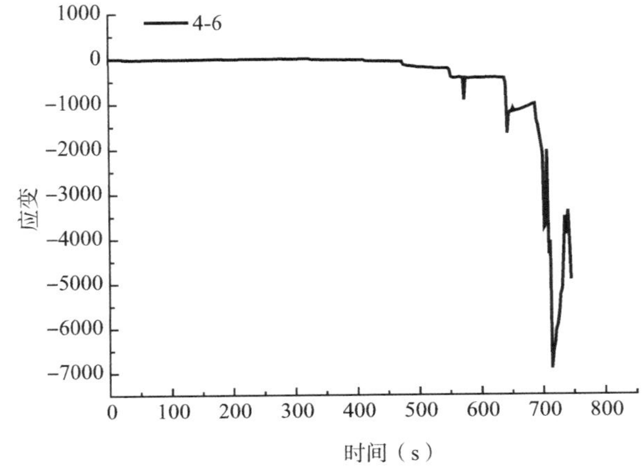

（g）4-6 时间应变曲线

图 4-21　4 层监测点时间应变曲线（二）

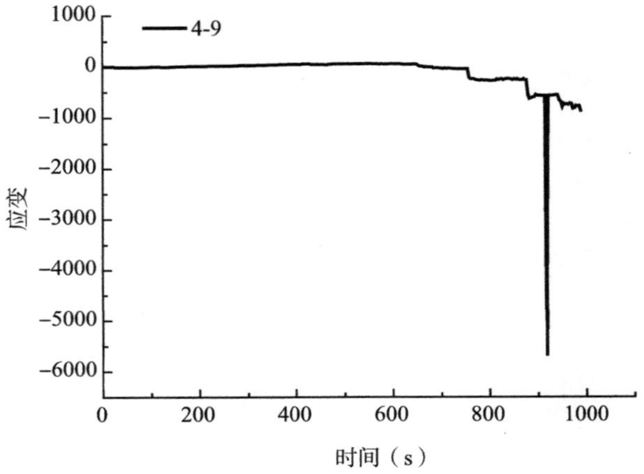

（h）4-9 时间应变曲线

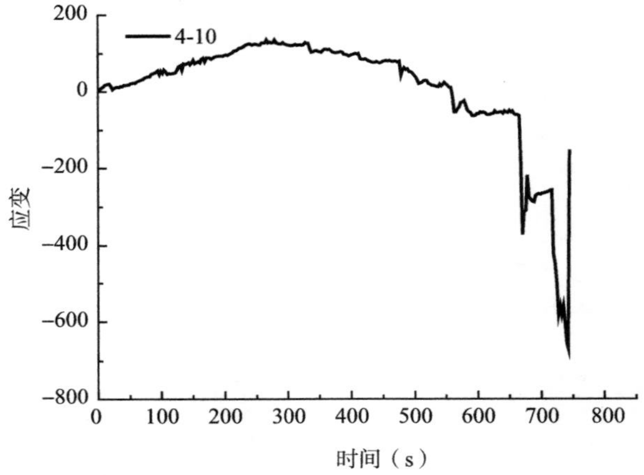

（j）4-10 时间应变曲线

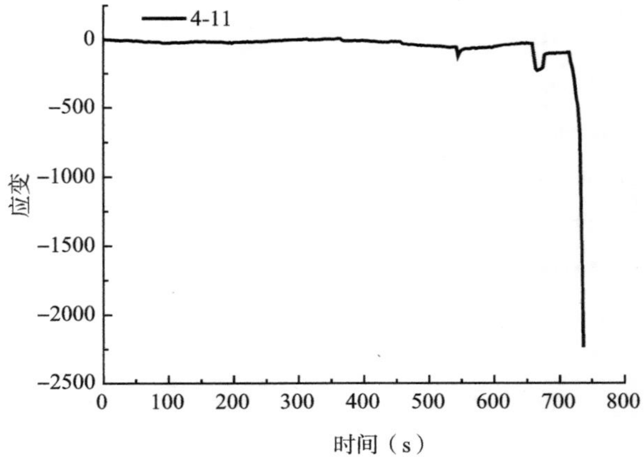

（k）4-11 时间应变曲线

图 4-21　4 层监测点时间应变曲线（三）

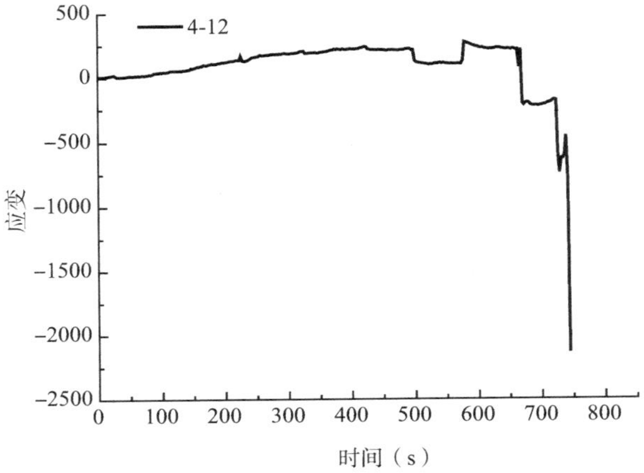

（m）4-12 时间应变曲线

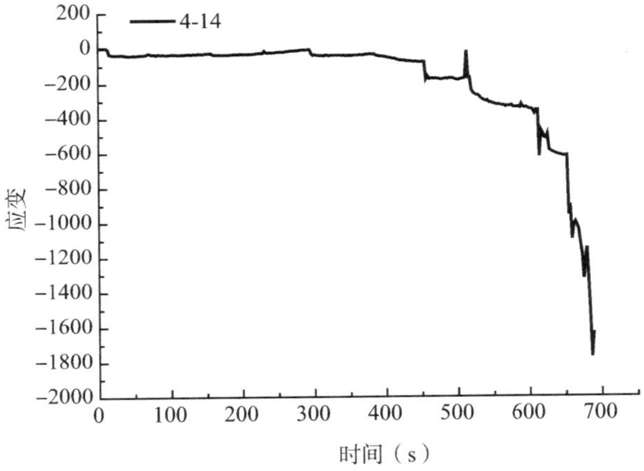

（n）4-14 时间应变曲线

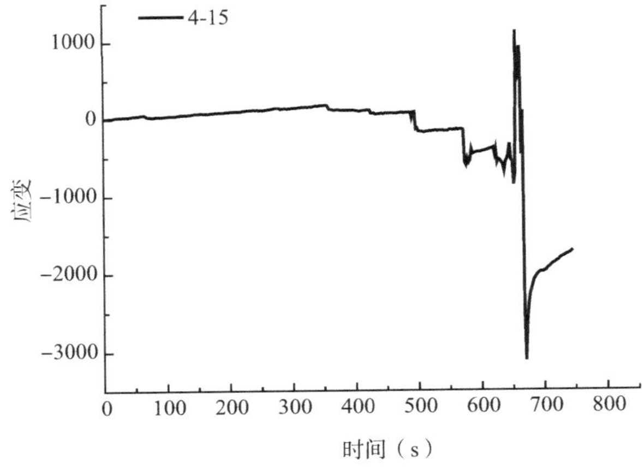

（p）4-15 时间应变曲线

图 4-21　4 层监测点时间应变曲线（四）

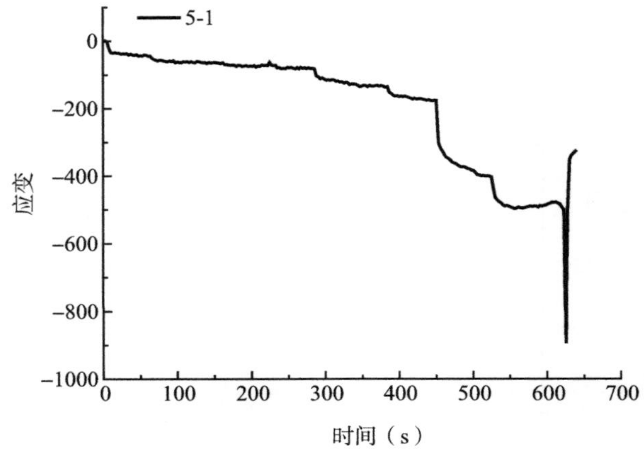

（a）5-1 时间应变曲线

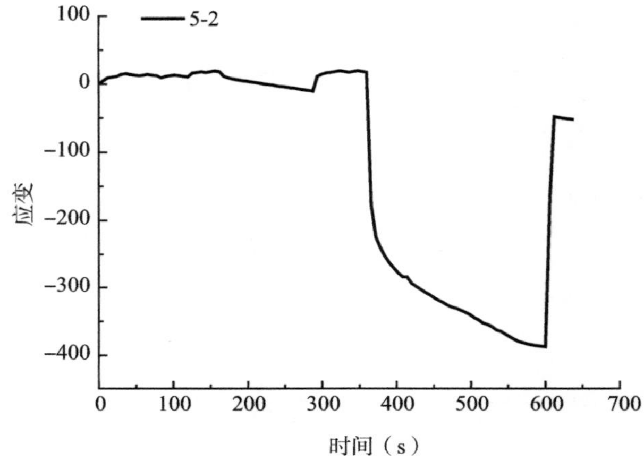

（b）5-2 时间应变曲线

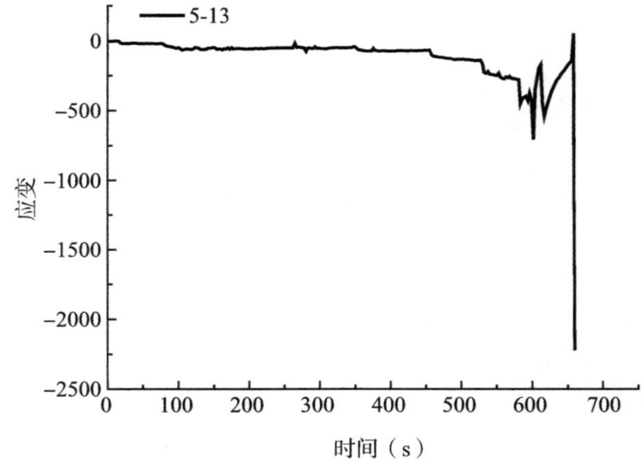

（c）5-3 时间应变曲线

图 4-22　5 层监测点时间应变曲线（一）

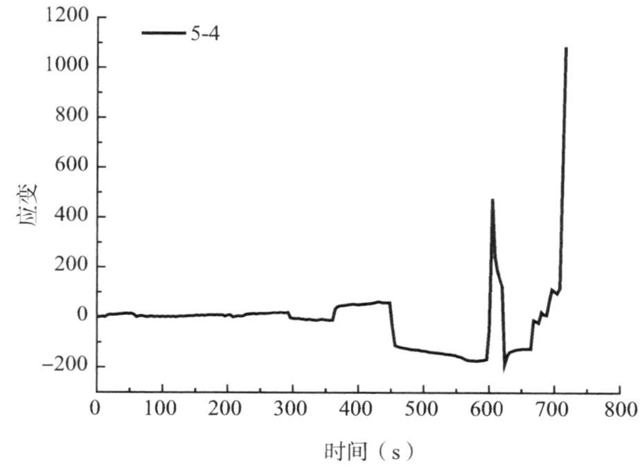

（d）5-4 时间应变曲线

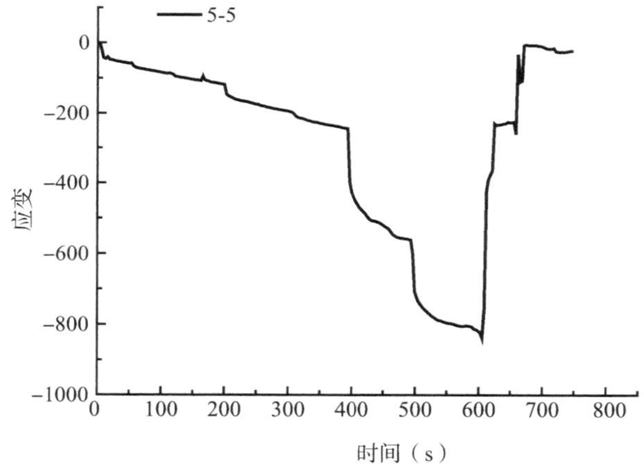

（e）5-5 时间应变曲线

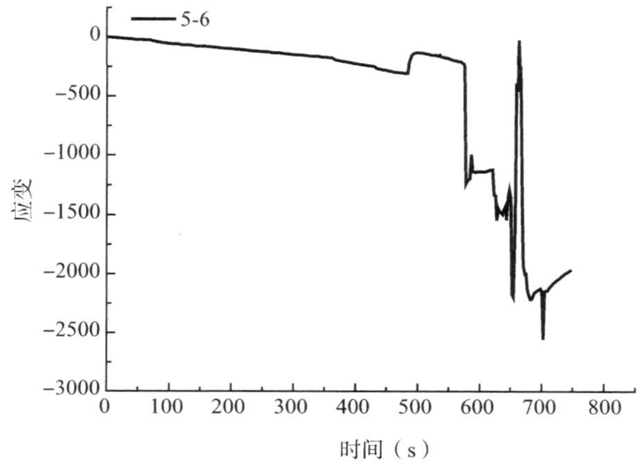

（f）5-6 时间应变曲线

图 4-22　5 层监测点时间应变曲线（二）

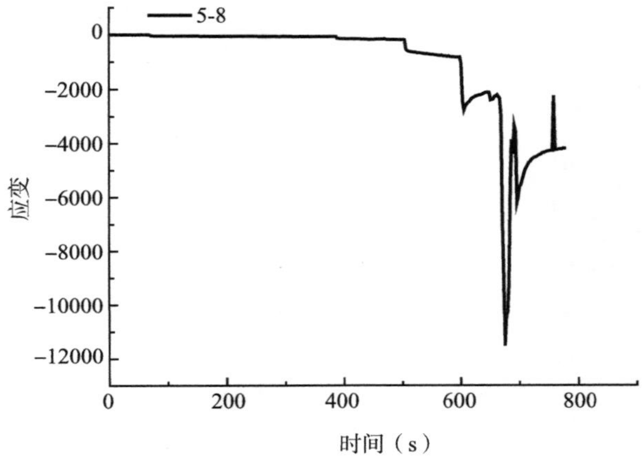

（g）5-8 时间应变曲线

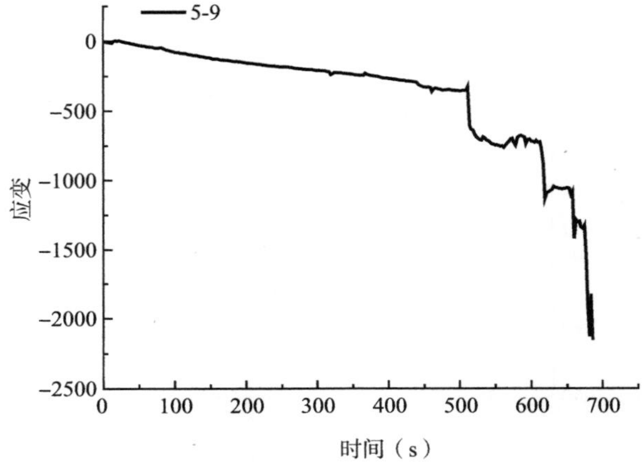

（h）5-9 时间应变曲线

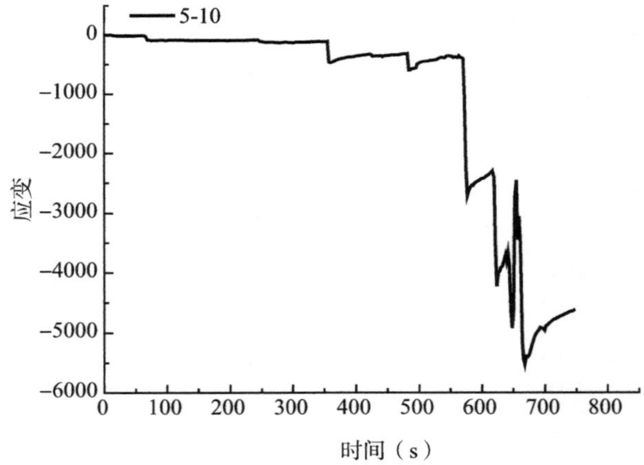

（j）5-10 时间应变曲线

图 4-22　5 层监测点时间应变曲线（三）

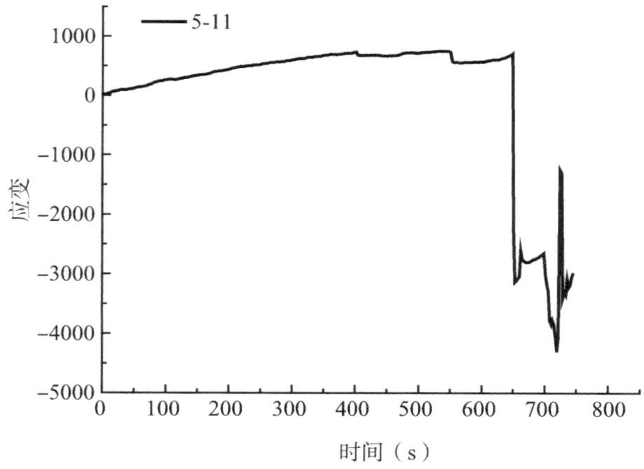

（k）5-11 时间应变曲线

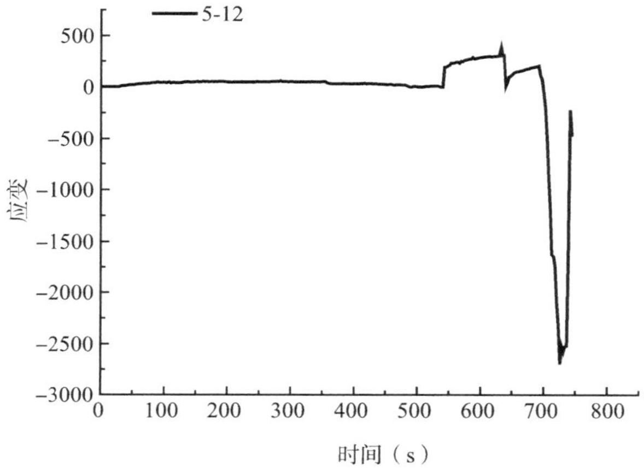

（m）5-12 时间应变曲线

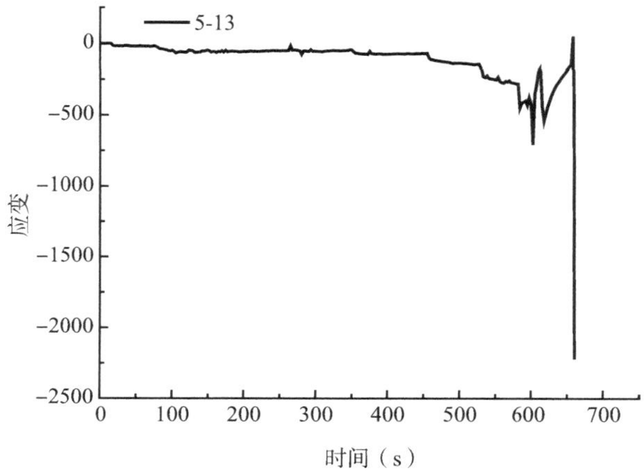

（n）5-13 时间应变曲线

图 4-22　5 层监测点时间应变曲线（四）

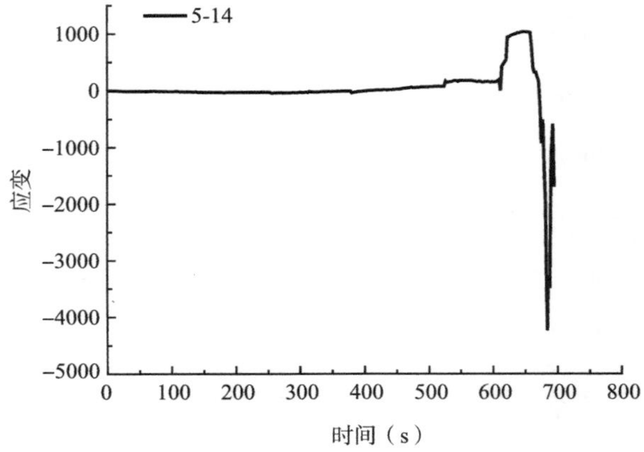

（p）5-14 时间应变曲线

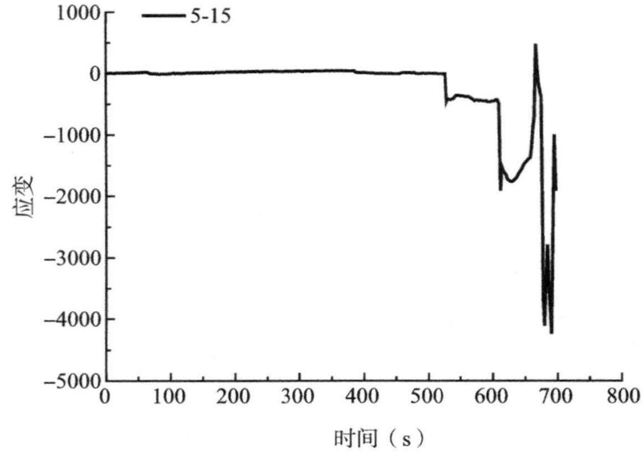

（q）5-15 时间应变曲线

图 4-22　5 层监测点时间应变曲线（五）

聚能切缝试验全过程如图 4-23 所示。

（a）模型试验全景

（b）聚能切割装置高压氮气压力表

图 4-23　聚能切缝试验全过程（一）

（c）布置的应变片和传感器

（d）数据采集和记录

（e）巷道破坏阶段一

（f）巷道破坏阶段二

（g）巷道破坏阶段三

（h）巷道破坏阶段四

（j）巷道破坏阶段五

（k）巷道局部破坏一

图 4-23 聚能切缝试验全过程（二）

（m）巷道局部破坏二

（n）巷道局部破坏三

（p）巷道局部破坏四

（q）巷道局部破坏五

（r）巷道局部破坏六

（s）巷道局部破坏七

（t）巷道局部破坏八

图 4-23　聚能切缝试验全过程（三）

（u）巷道局部破坏九

（v）巷道局部破坏十

图 4-23　聚能切缝试验全过程（四）

为了研究聚能切缝下，切缝周围的巷道围岩应变变化情况，选取典型破坏处 1 号关键点（应变片 4-7）、2 号关键点（应变片 5-7）、3 号关键点（应变片 2-7）及 4 号关键点（应变片 4-8）分析其应变变化特征，关键点位置如图 4-24 所示。

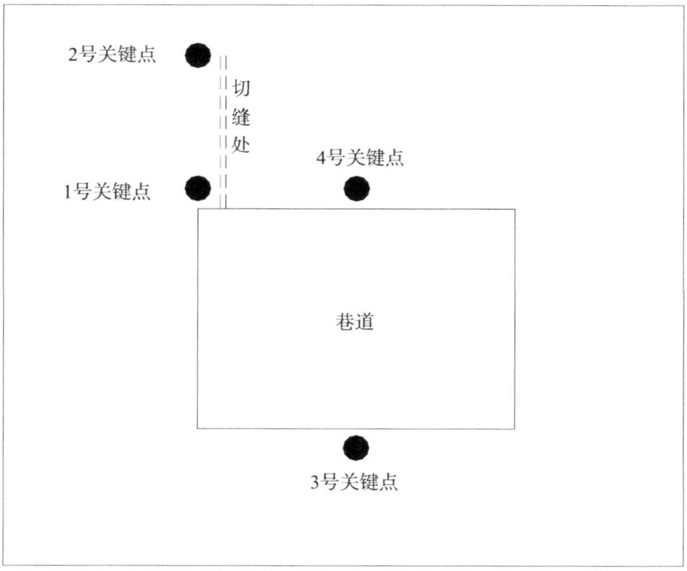

图 4-24　巷道围岩关键点

从图 4-25 可以看出，切缝处 1 号关键点的应变变化规律：在 650s 之前的加载时间内（A ~ E 加载阶段），应变变化不大，有小幅度的波动，应力水平较低，此时模型内部岩体没有产生较大变形。在 700s 进行切缝时，应变曲线开始出现下降的趋势，模型内部遭到切缝破坏；750s 之后（F 阶段），水平应力与垂直应力迅速增大，在聚能切缝的持续作用下，应变曲线出现剧烈变化，呈断崖式迅速下降，沿着切缝方向模型表面顶板出现裂缝并下沉破坏。

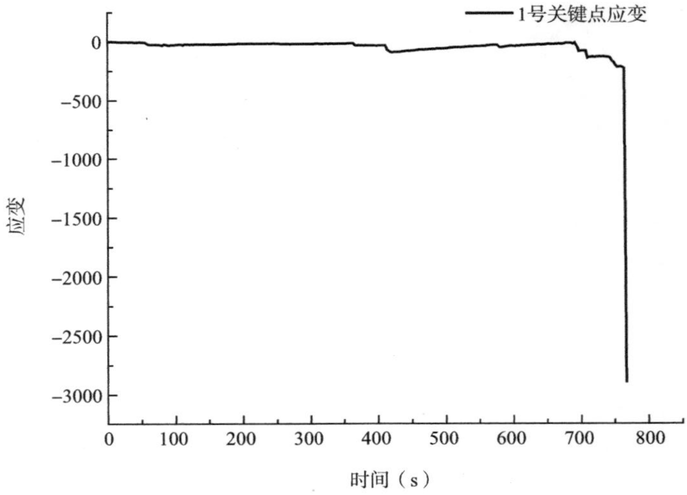

（a）关键点时间应变曲线

（b）物理模型破坏图

图 4-25　1 号关键点

从图 4-26 可以看出，切缝处 2 号关键点的应变变化规律：700s 之前应变变化平稳，应变曲线趋于水平直线，仅有小部分波动；700s 后在聚能切缝作用下应变曲线明显下降，之后维持了短暂的平稳状态；随着加载应力水平的提高，应变曲线出现断崖式下降，2

号关键点处沿着切缝方向出现开裂裂缝，最终沿着切缝方向裂缝发育完全，顶板开始脱落。

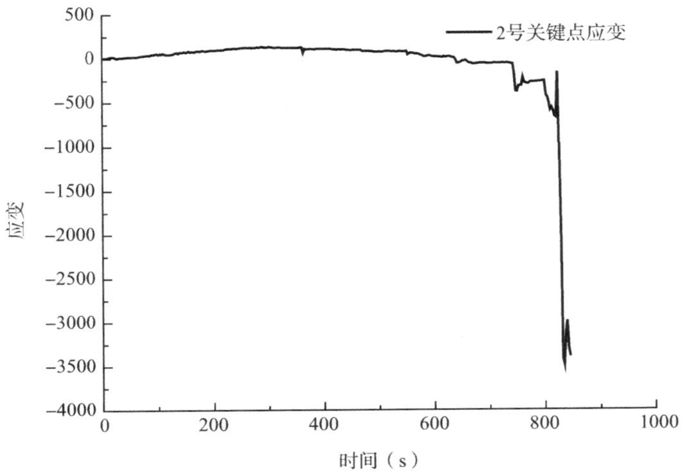

（a）关键点时间应变曲线

（b）物理模型破坏图

图 4-26 2 号关键点

从图 4-27 可以看出，巷道底板处 3 号关键点的应变变化规律：450s 前应变基本保持不变，波动幅度较小，450 ~ 600s，垂直应力与水平应力加载至总负荷的 50%（E 加载阶段）时，应变曲线出现较大范围的升降；600s 后随着应力水平的进一步增加，应变曲线明显下降，之后上升一小段并维持稳定；700s 时在聚能切缝作用下，应变曲线再次明显下降。

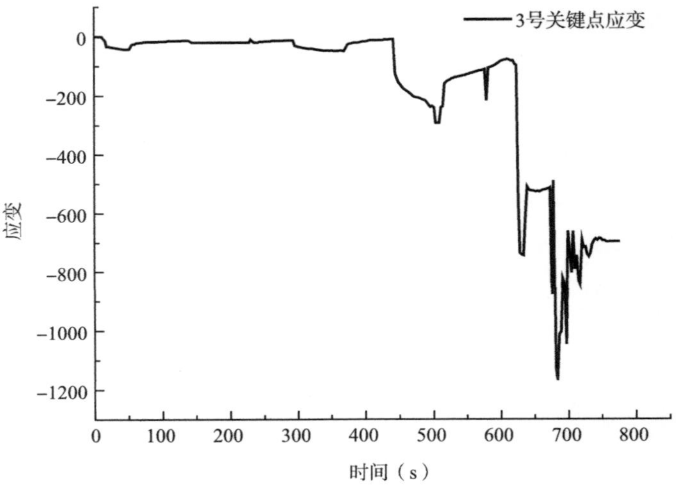

（a）关键点时间应变曲线

（b）物理模型破坏图

图 4-27　3 号关键点

从图 4-28 可以看出，巷道顶板处 4 号关键点的应变变化规律：600s 前（A ~ E 加载阶段），加载的应力水平较小，应变曲线出现不断下降的趋势但下降幅度较小；700s 后在聚能切缝作用下，应变曲线急剧上升，表明巷道顶板 4 号关键点处聚集的能量得到释放，巷道顶板出现裂缝，随着加载的进程应变曲线出现骤降。

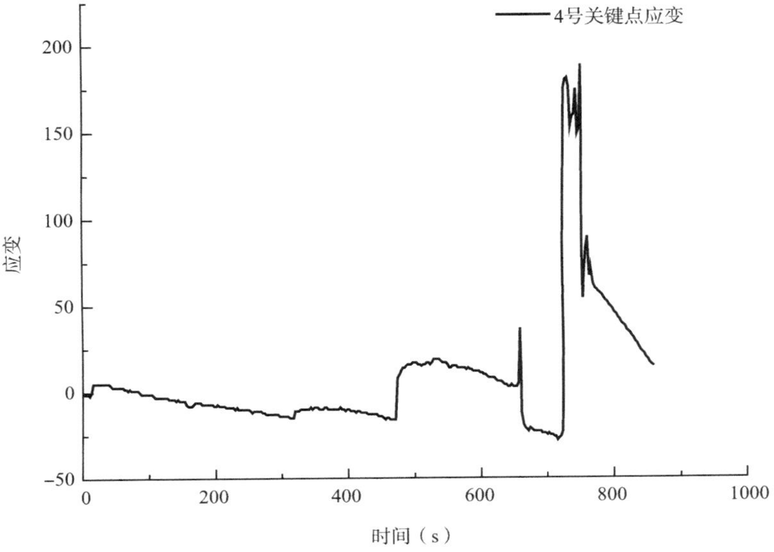

（a）关键点时间应变曲线

（b）物理模型破坏图

图 4-28　4 号关键点

4.6.3　温度场变化特征分析

对试验加载全过程中的物理模型进行了红外热像采集，共获取巷道聚能切缝的影响区域红外图像近 100 张，对每个加载阶段的红外图像进行了归类处理，选取每个阶段最具代表性的红外热像进行分析对比研究。

获取的巷道聚能切缝全过程红外热像如图 4-29 所示。

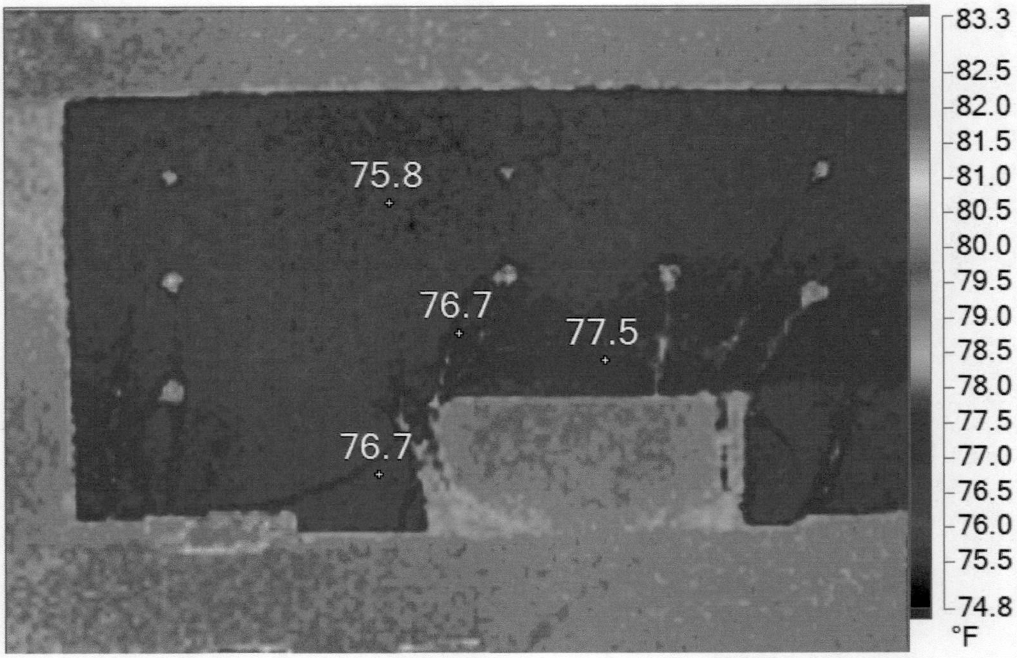

（a）变化阶段一

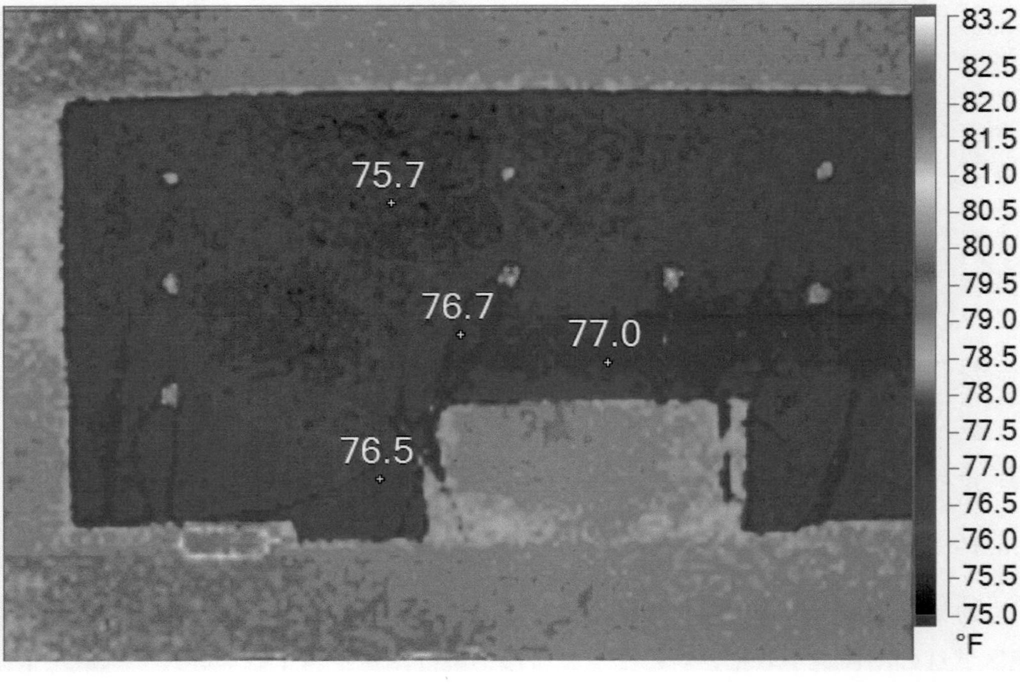

（b）变化阶段二

图 4-29　巷道周围聚能切缝全过程红外热线（一）

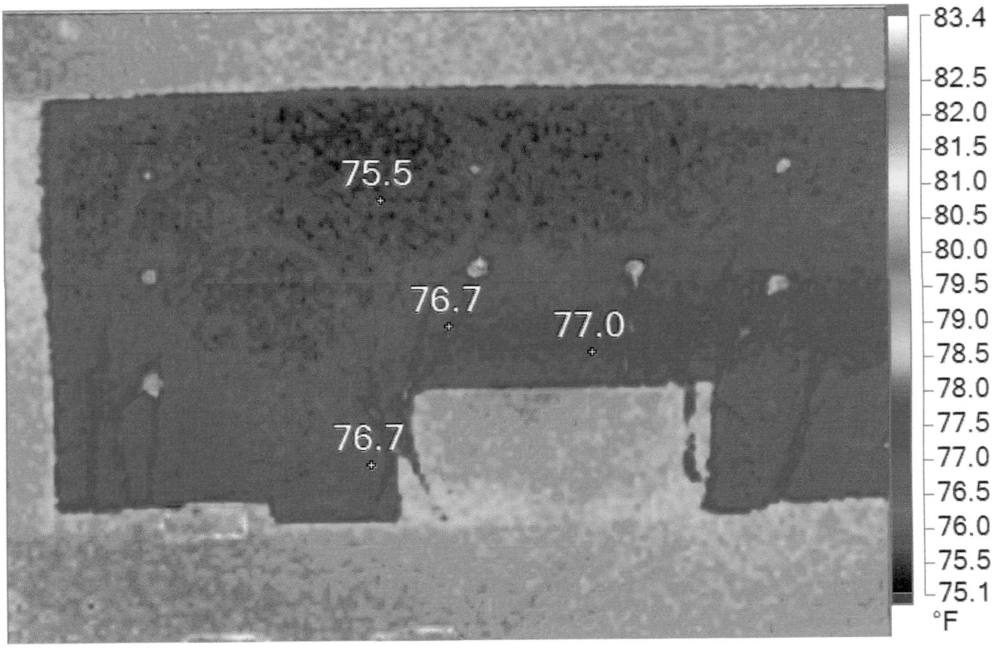

（c）变化阶段三

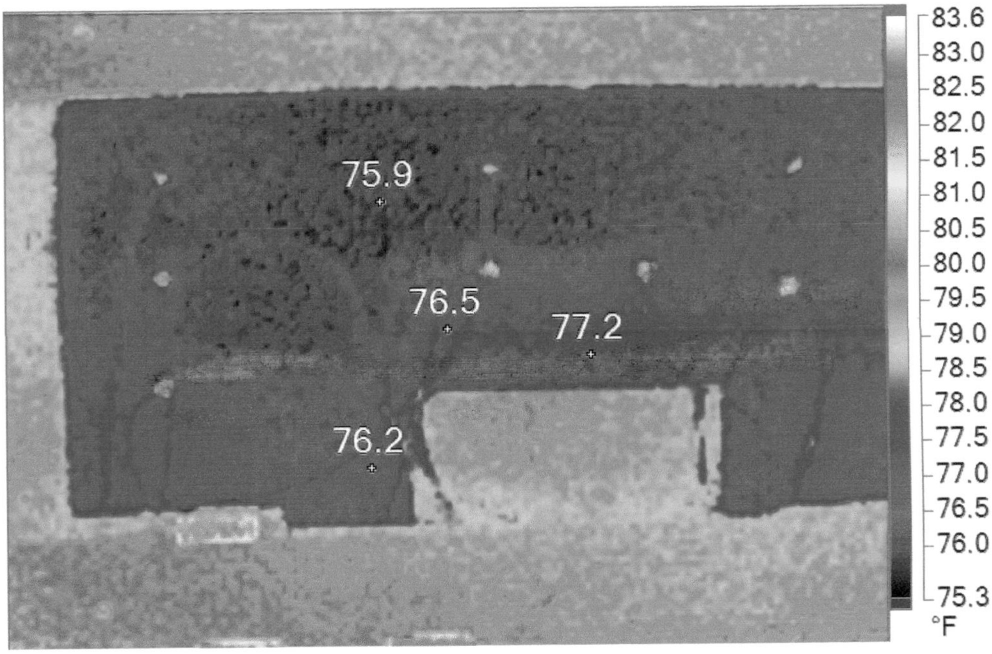

（d）变化阶段四

图 4-29 巷道周围聚能切缝全过程红外热线（二）

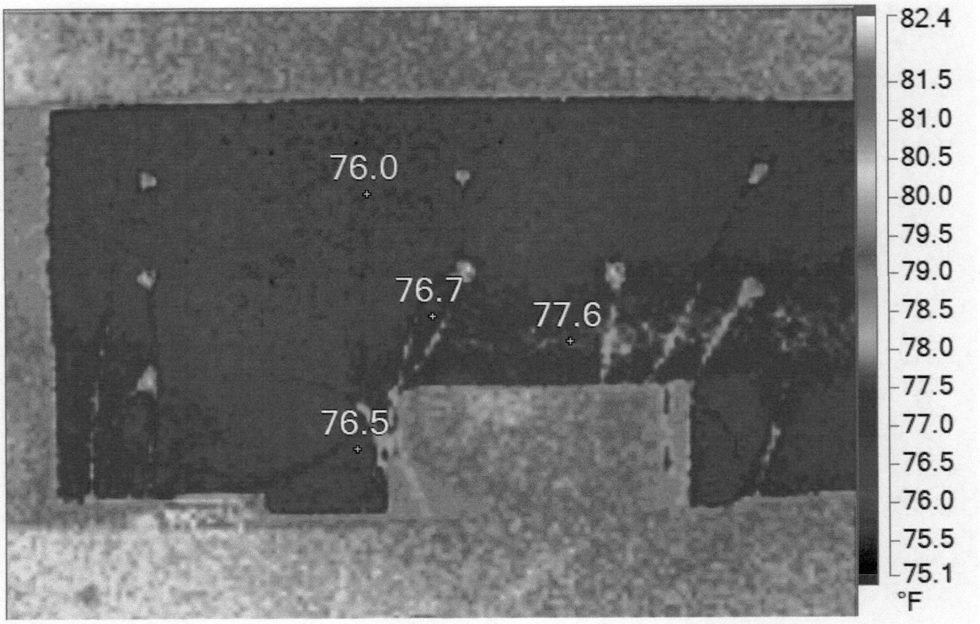

（e）变化阶段五

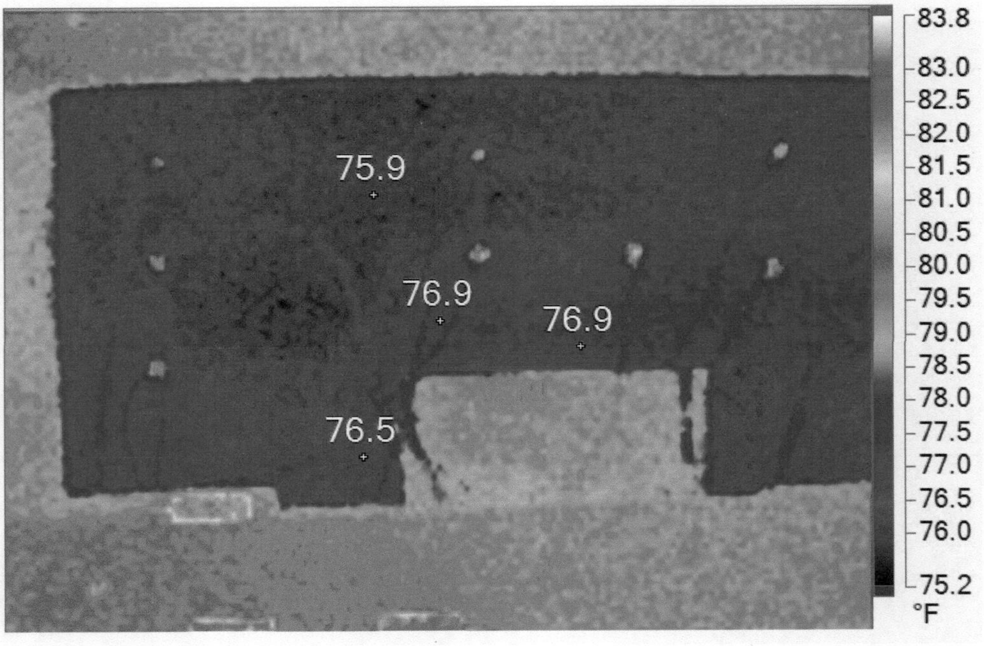

（f）变化阶段六

图 4-29　巷道周围聚能切缝全过程红外热线（三）

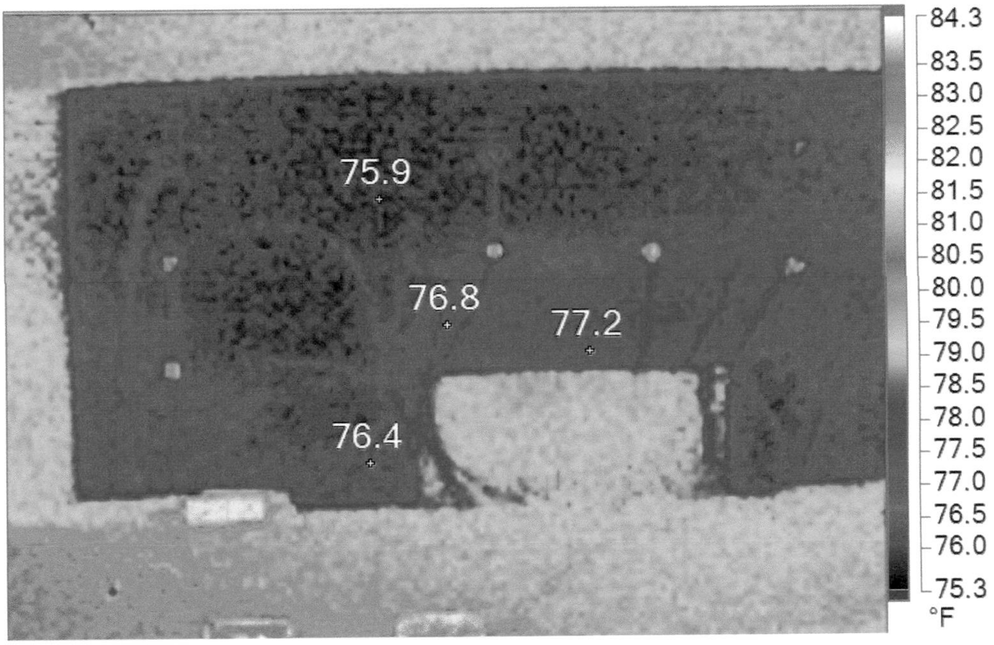

（g）变化阶段七

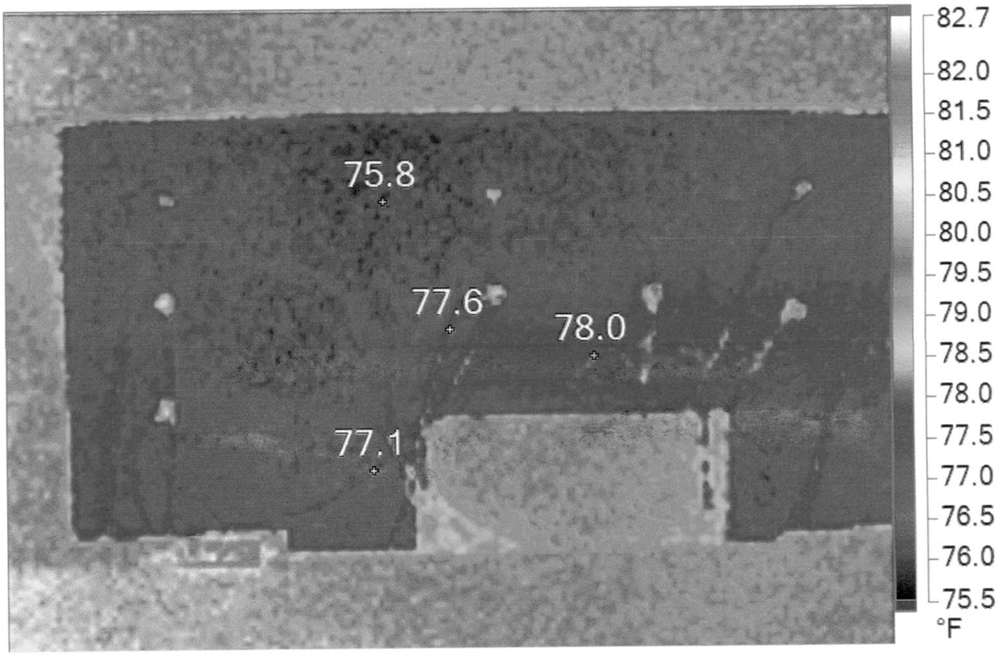

（h）变化阶段八

图 4-29 巷道周围聚能切缝全过程红外热线（四）

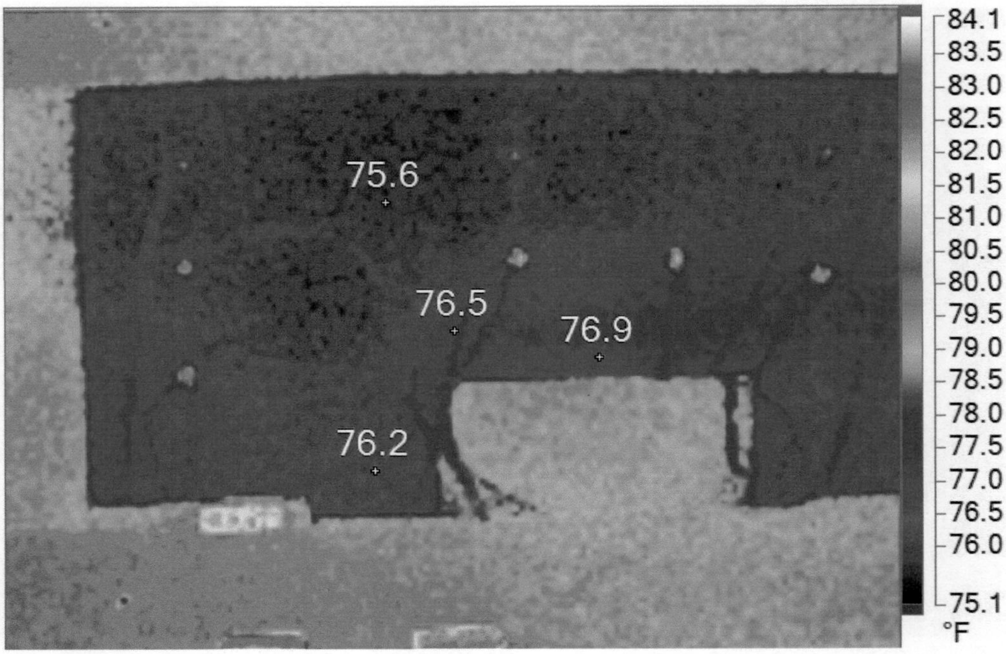

（j）变化阶段九

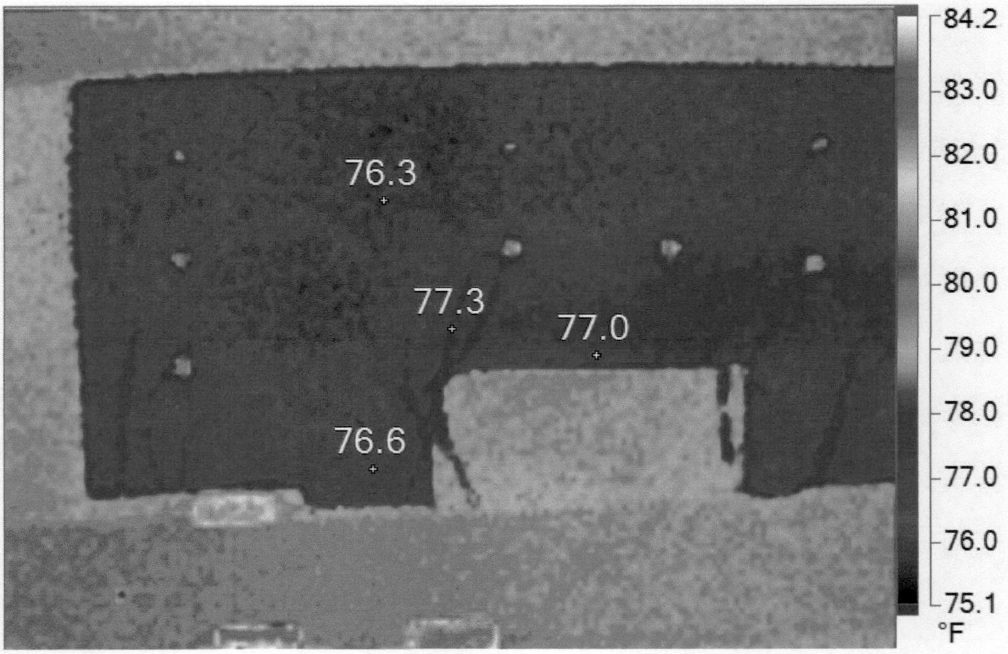

（k）变化阶段十

图 4-29　巷道周围聚能切缝全过程红外热线（五）

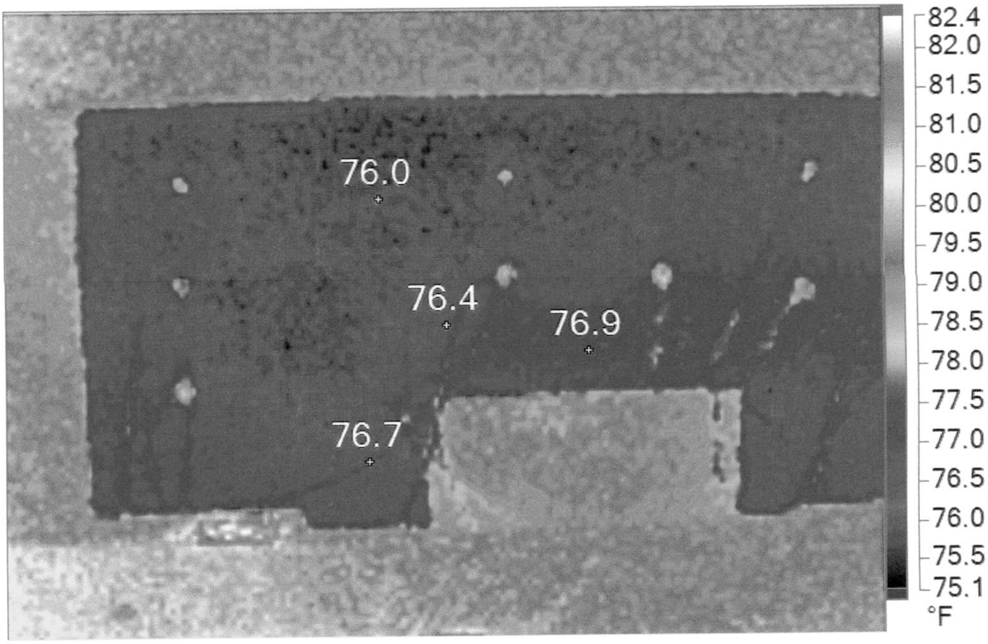

（m）变化阶段十一

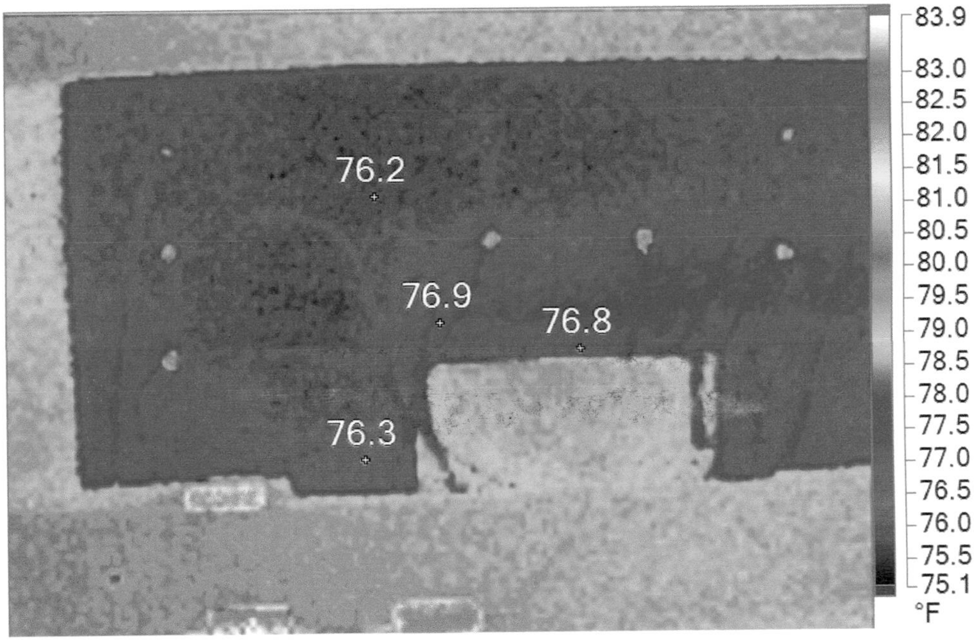

（n）变化阶段十二

图 4-29 巷道周围聚能切缝全过程红外热线（六）

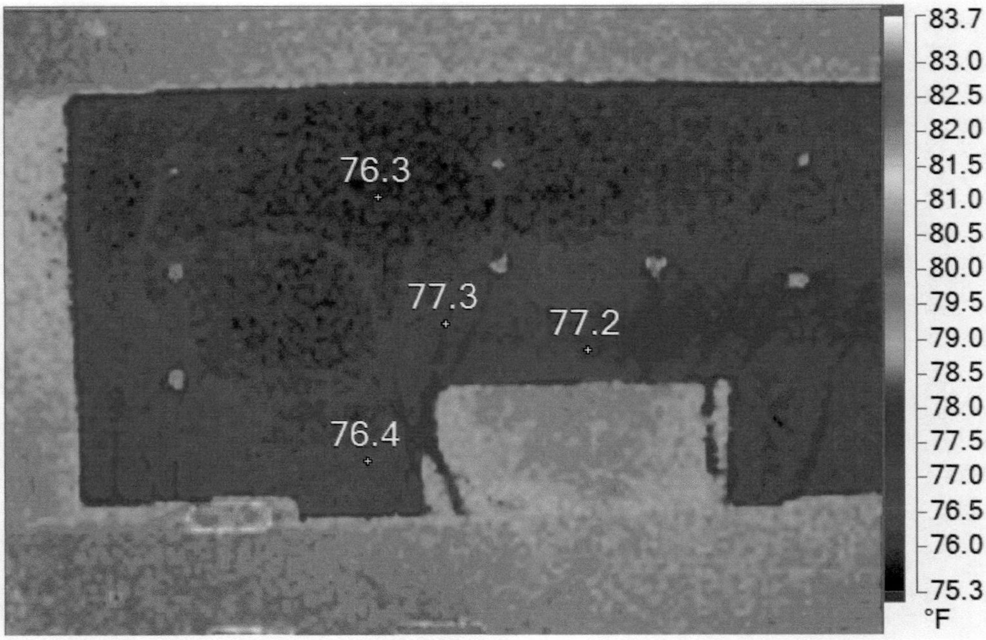

（p）变化阶段十三

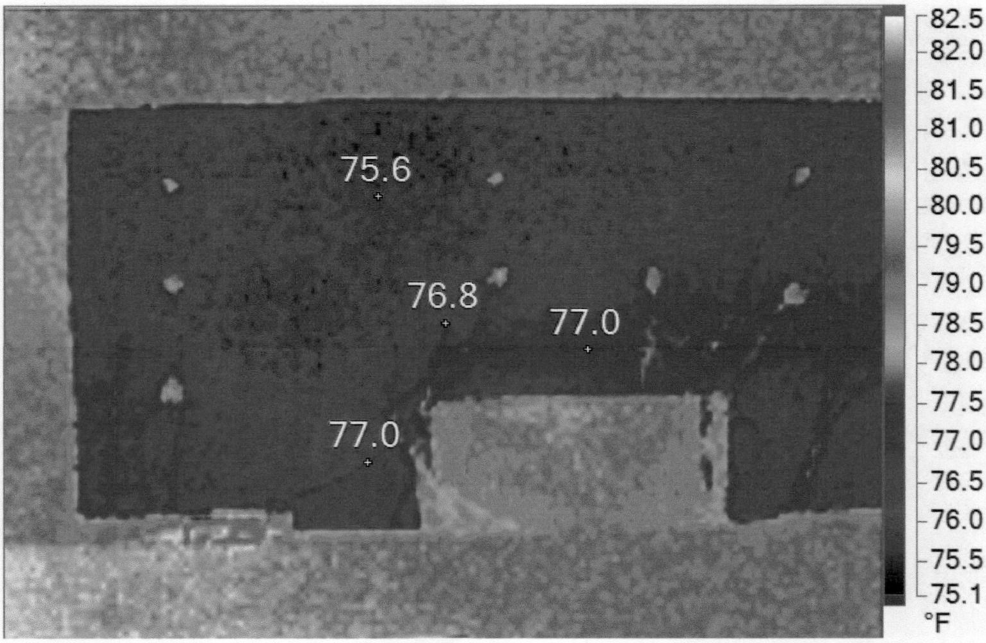

（q）变化阶段十四

图 4-29　巷道周围聚能切缝全过程红外热线（七）

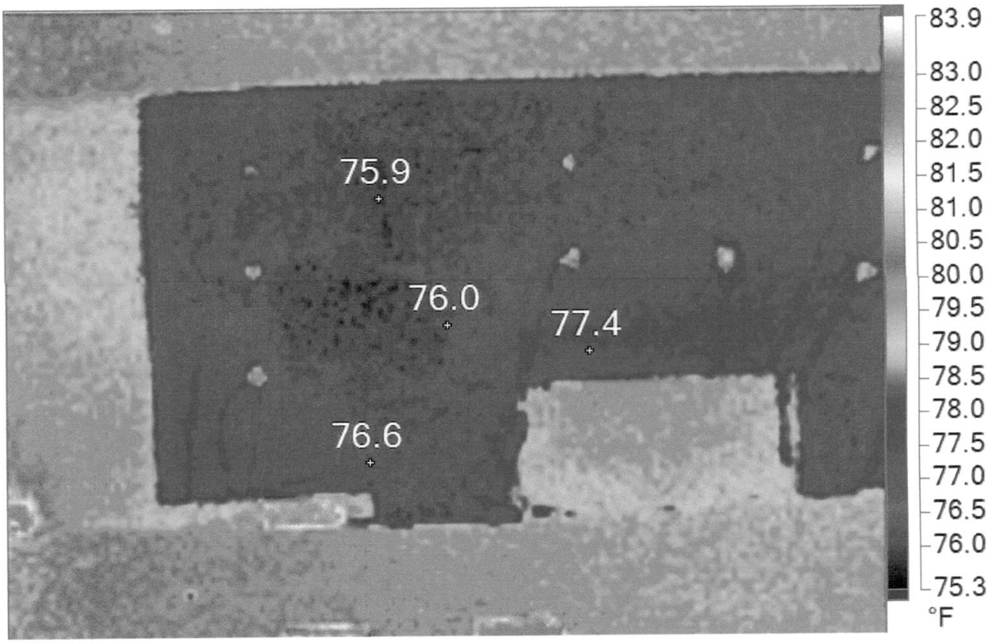

（r）变化阶段十五

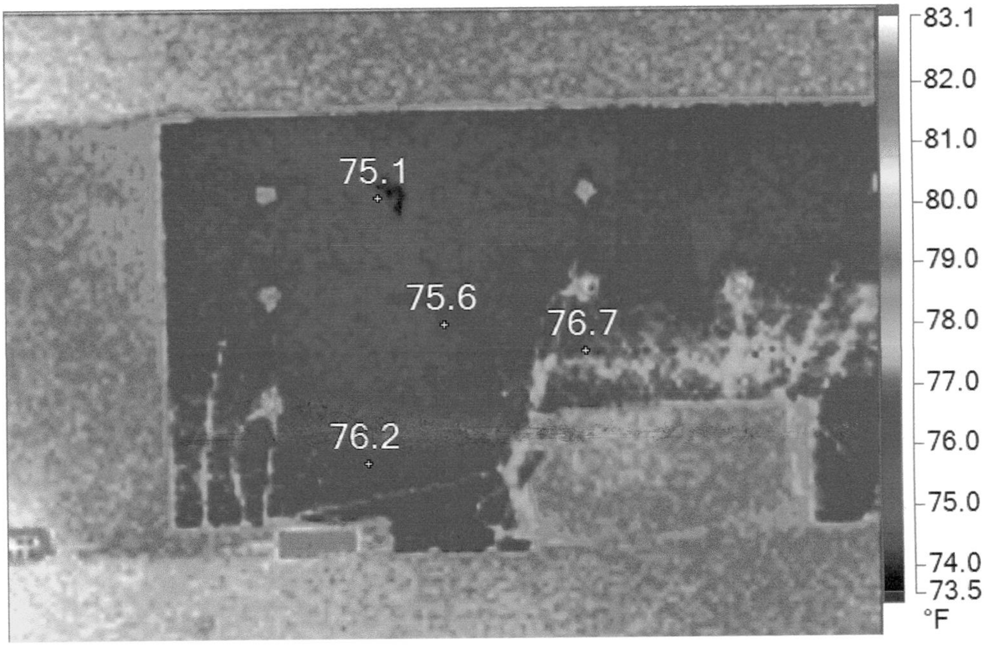

（s）变化阶段十六

图 4-29　巷道周围聚能切缝全过程红外热线（八）

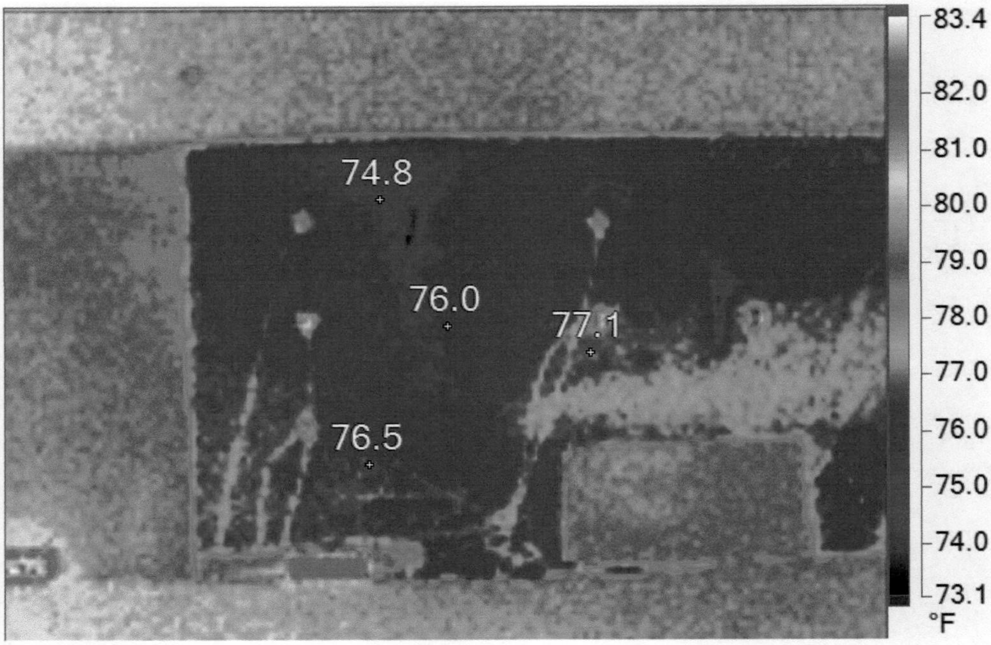

（t）变化阶段十七

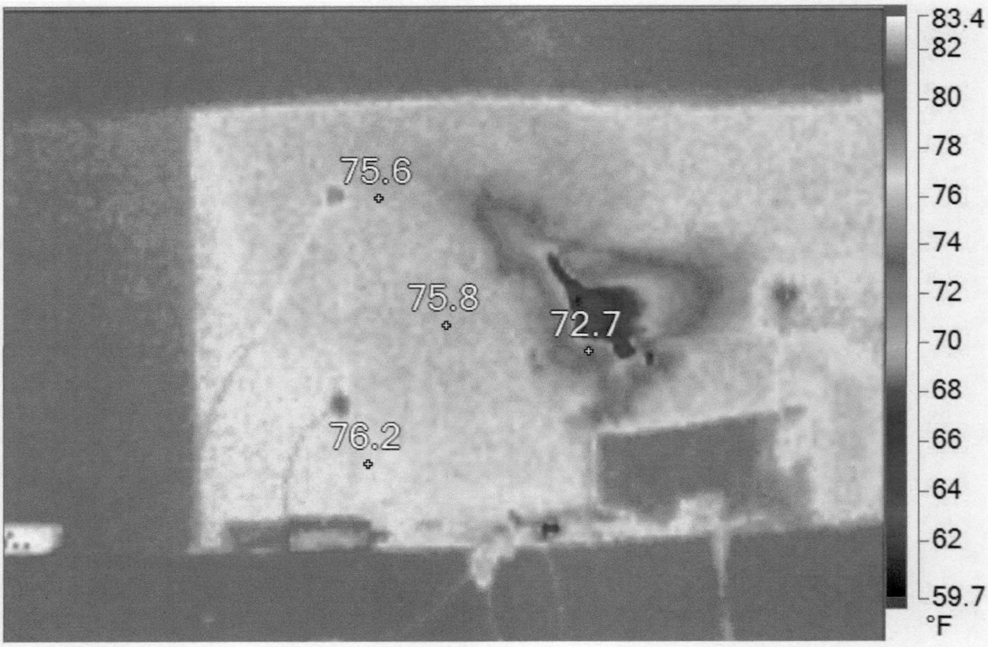

（u）变化阶段十八

图 4-29　巷道周围聚能切缝全过程红外热线（九）

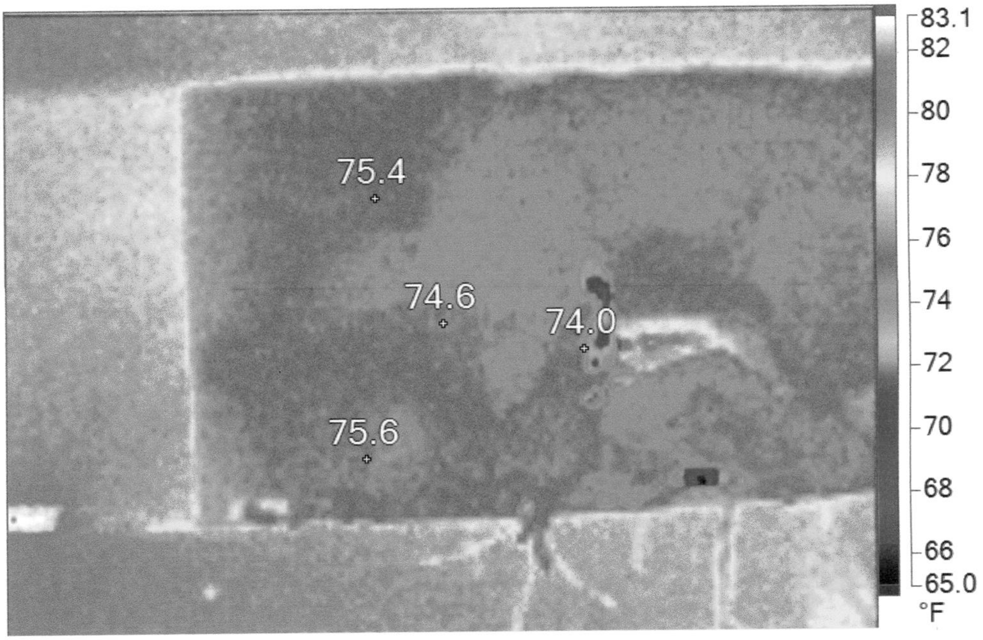

（v）变化阶段十九

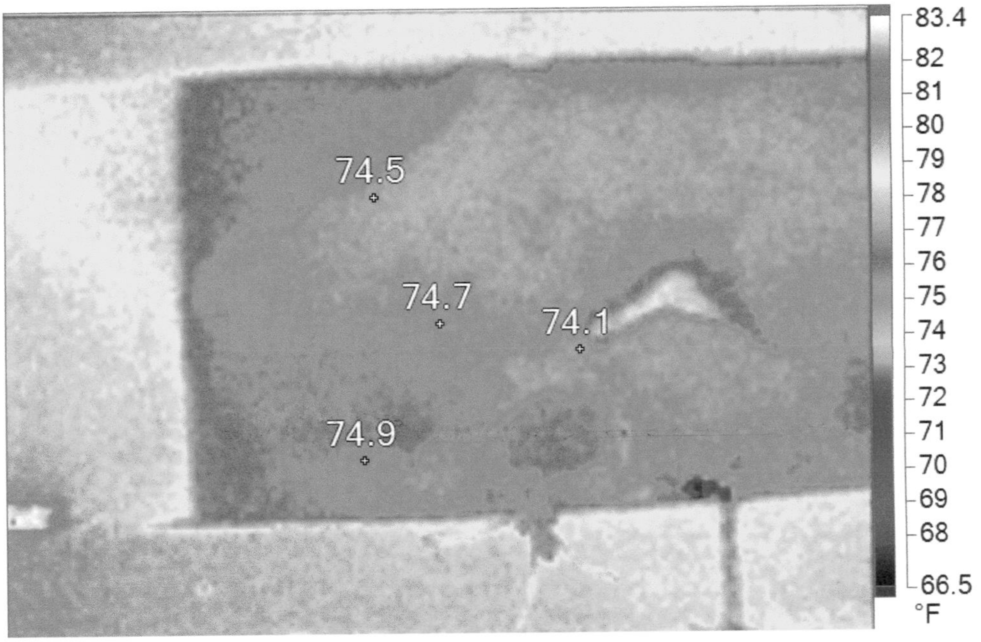

（w）变化阶段二十

图 4-29　巷道周围聚能切缝全过程红外热线（十）

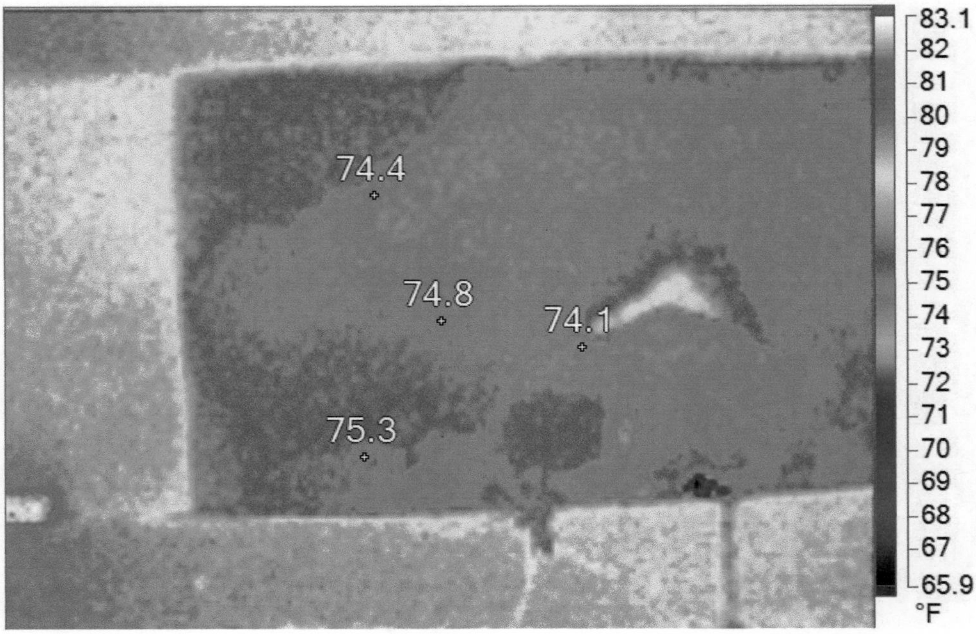

（x）变化阶段二十一

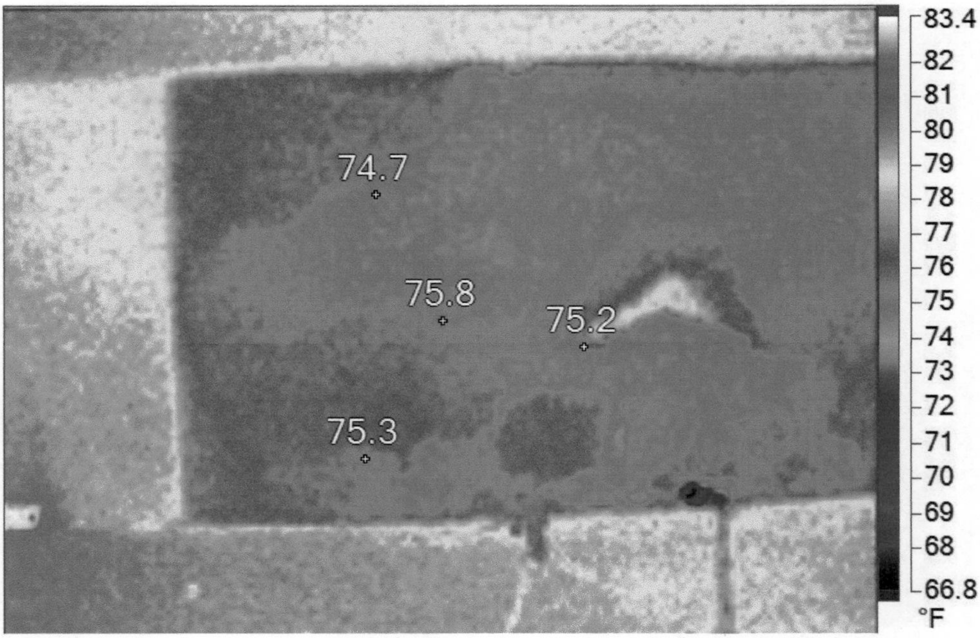

（y）变化阶段二十二

图 4-29　巷道周围聚能切缝全过程红外热线（十一）

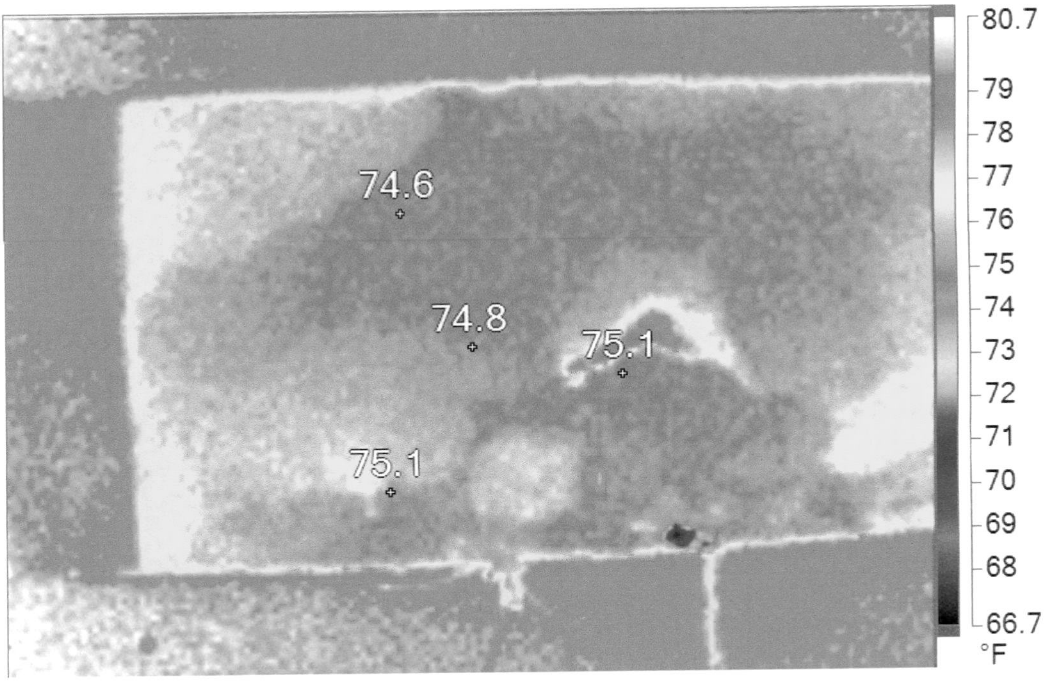

（z）变化阶段二十三

图 4-29 巷道周围聚能切缝全过程红外热线（十二）

为研究巷道围岩聚能切缝过程中不同部位的红外热现象，选取以下典型部位进行研究。

图 4-30 为巷道顶板上部节理裂隙红外对比图，从图中可以看出，垂直应力与水平应力加载至总负荷的 2%、5%、10%、20%（A ~ D 加载阶段）时，四个阶段的全红外图变化不大，线条 L1 上下两侧均为红外温度较低的紫色区域，如 P1、P2 处所示温度处于 24.5℃左右；表面红外温度较高的蓝色线条为导线的温度，线条 L0 右半区域为红外温度较高的蓝色区域，如各加载阶 P0 处所示温度均在 25℃及以上，表明加载过程中该处为岩石突变处。

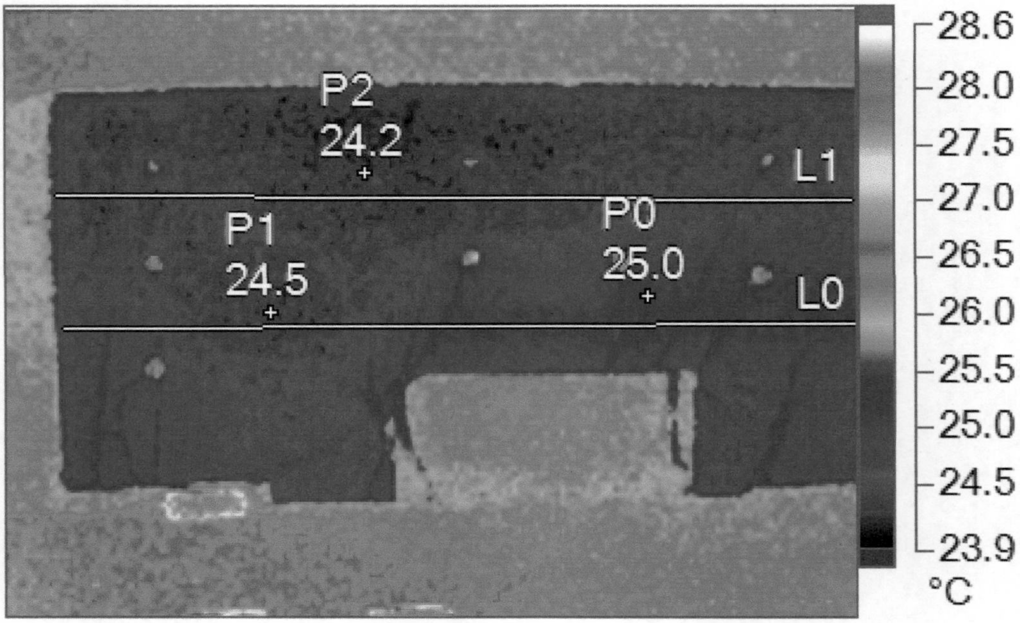

（a）A 阶段全红外图

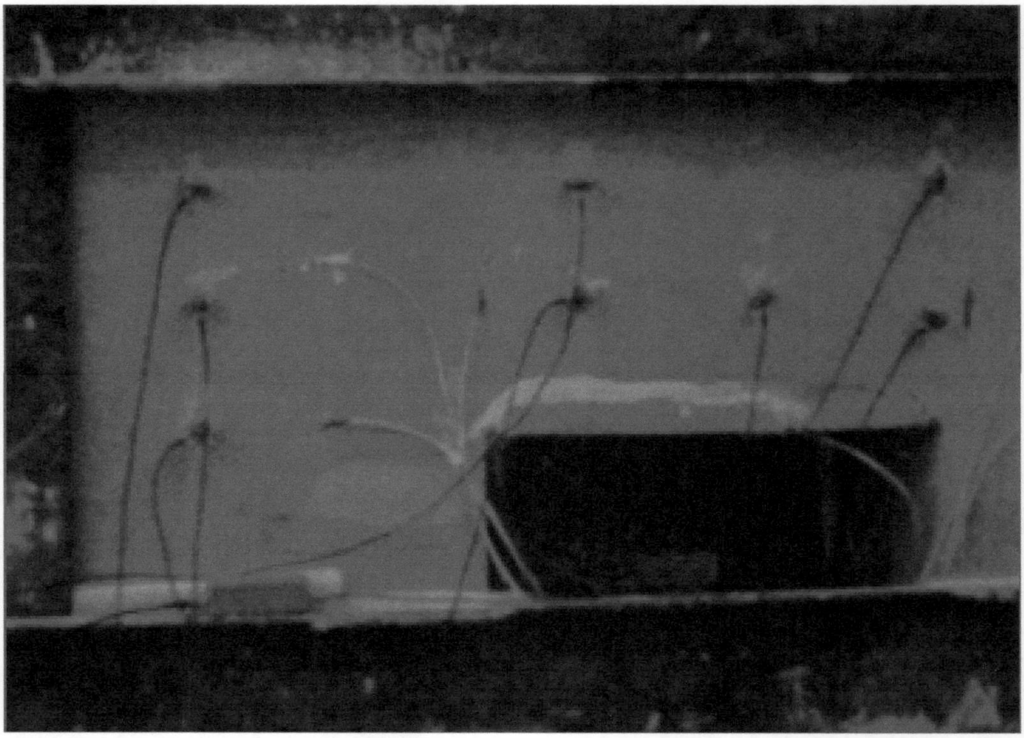

（b）A 阶段全可见光图

图 4-30　巷道顶板上部节理裂隙红外对比（一）

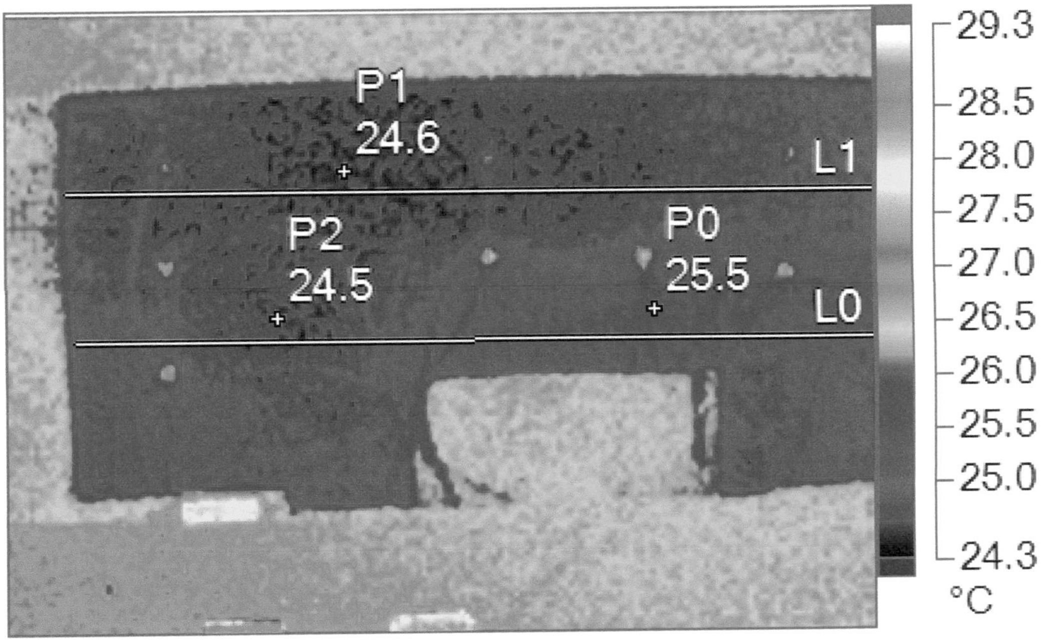

（c）B 阶段全红外图

（d）B 阶段全可见光图

图 4-30 巷道顶板上部节理裂隙红外对比（二）

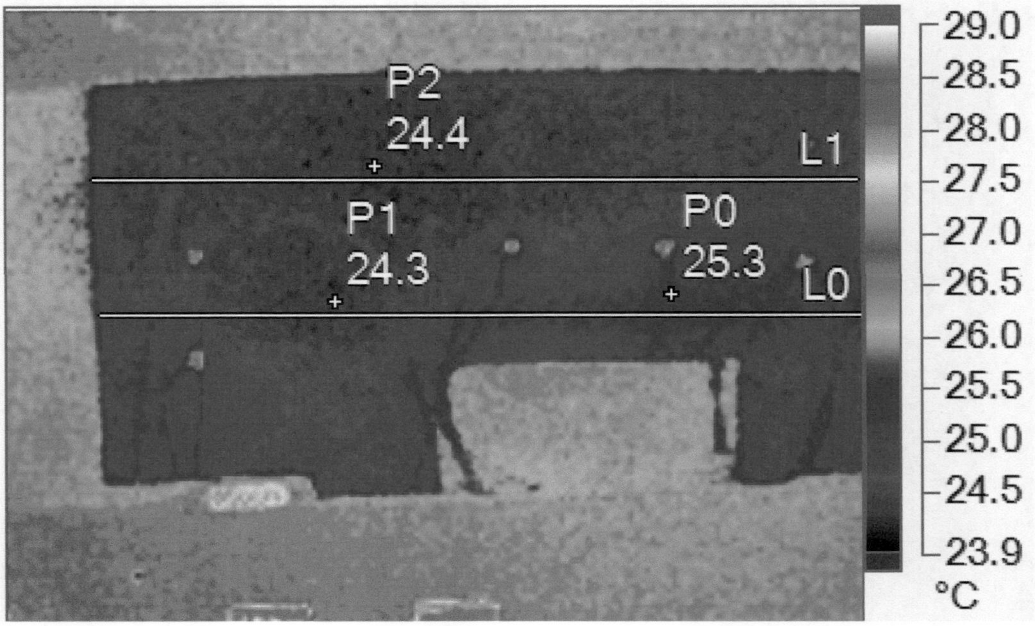

（e）C 阶段全红外图

（f）C 阶段全可见光图

图 4-30　巷道顶板上部节理裂隙红外对比（三）

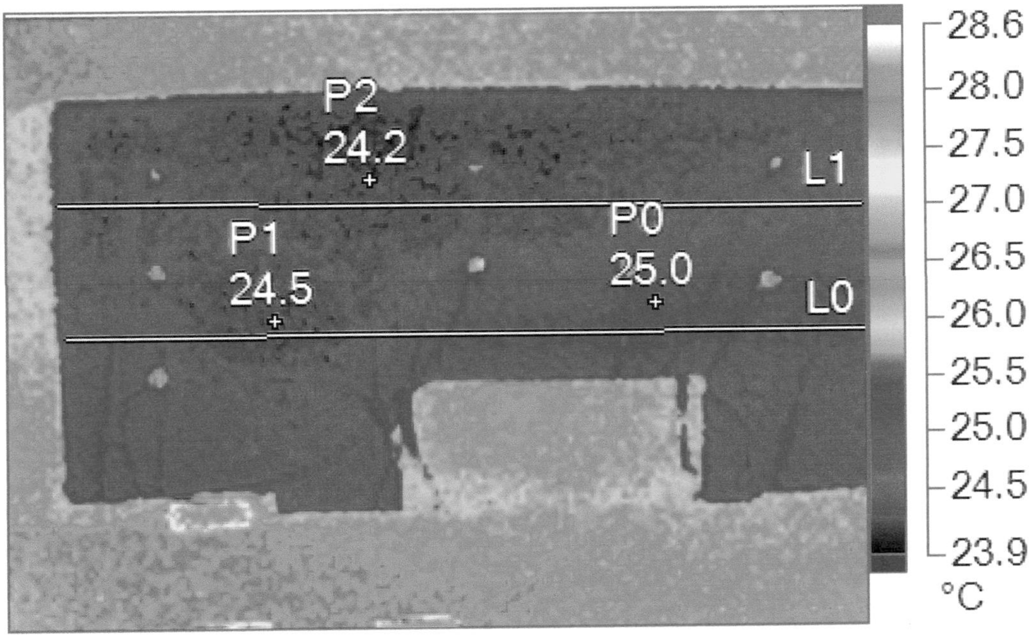

（g）D 阶段全红外图

（h）D 阶段全可见光图

图 4-30 巷道顶板上部节理裂隙红外对比（四）

图 4-31 为选取的 D 阶段巷道顶板上部节理裂隙红外温度分布曲线图，从图中可以看出，线 L0、L1 的平均红外温度为 25.0℃、24.5℃。线 L0 红外温度变化幅度大，整体呈阶梯状变化，有明显的高温区和低温区，低温区域温度变化幅度大（在 0.8℃左右）；线 L1 红外温度变化幅度不大，整体呈现锯齿状交替升降温。

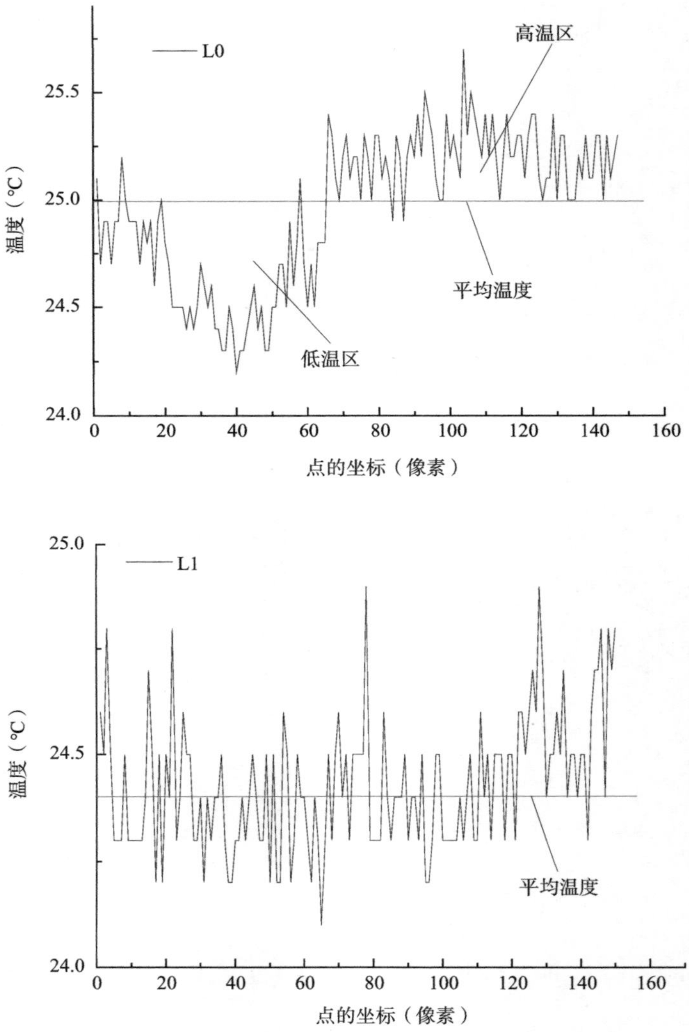

图 4-31　D 阶段巷道顶板上部节理裂隙红外温度分布

图 4-32 为 E 阶段巷道顶板上部节理裂隙红外对比图，从全红外图可以看出，加载至总负荷的 50% 时，在 P0（23.7℃）、P3（23.9℃）处出现了明显的条带低温区域，表明模型内部节理裂隙发育贯通，模型出现破碎。P0 所在的条带低温区域的面积大，沿着 P0 与 P2 连线的方向延伸，与聚能切缝的方向具有一致性，且在聚能切缝附近，

节理裂隙分界线处红外温差明显，在右侧的全可见光图可以清晰观察到裂缝的走向与破碎区域。

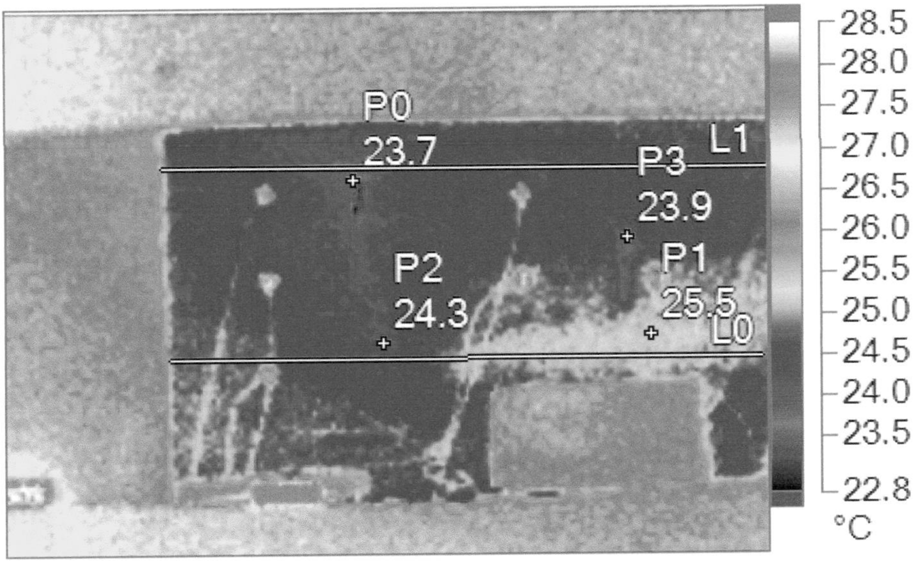

（a）E 阶段全红外图

（b）E 阶段全可见光图

图 4-32　E 阶段巷道顶板上部节理裂隙红外对比

图 4-33 为 E 阶段巷道顶板上部节理裂隙红外温度分布曲线图，从图中可以看出，线 L0、L1 的平均红外温度为 24.9℃、24.4℃；红外温度变化幅度大，整体呈阶梯状变化，有明显的高温区和低温区，高温区域变化幅度不大，低温区域降温明显，线 L0、L1 降温幅度均为 0.7℃，低温区域因模型拉伸，节理裂隙发育，致使温度降低，模型发生宏观破坏。

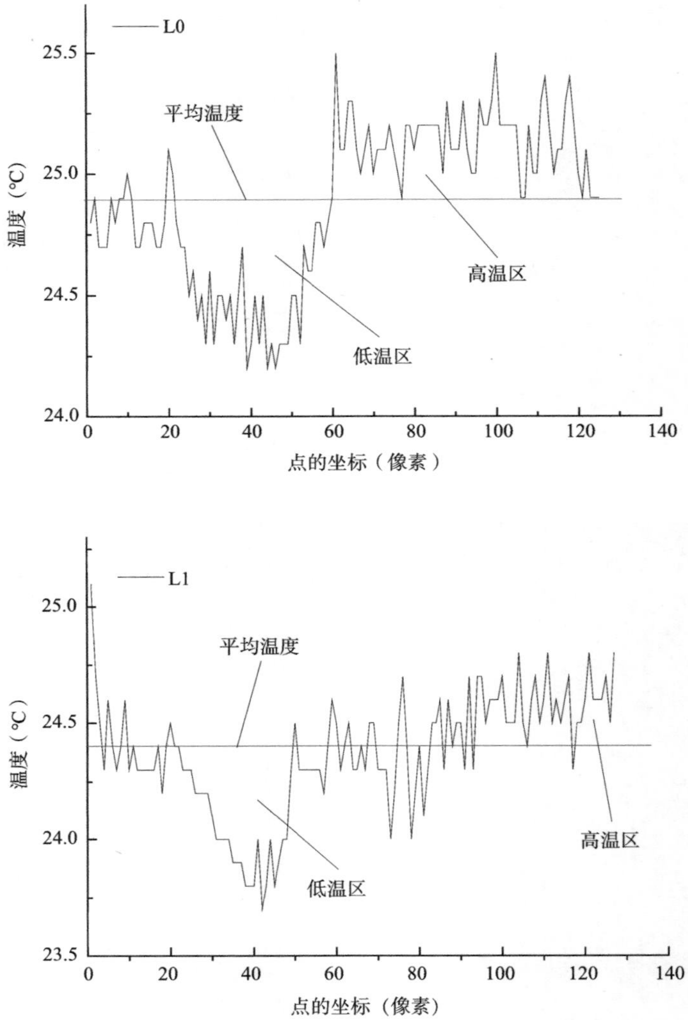

图 4-33　E 阶段巷道顶板上部节理裂隙红外温度分布

图 4-34 为 F 阶段巷道顶板上部节理裂隙红外对比图，从全红外图可以看出，加载至总负荷的 80% 时，在聚能切缝作用下，以 P0（切缝顶端）为中心出现了明显的较大块状低温区域，中心处 P0 温度低至 13.6℃，向外辐射的温度逐渐升高，红外温差分

界线明显，高对比度颜色分明。块状低温区域以切缝为中心向两边扩散，表示模型内部切缝处节理裂隙发育贯通，从右侧全可见光图可以看到模型发生宏观破坏，巷道顶板脱落。

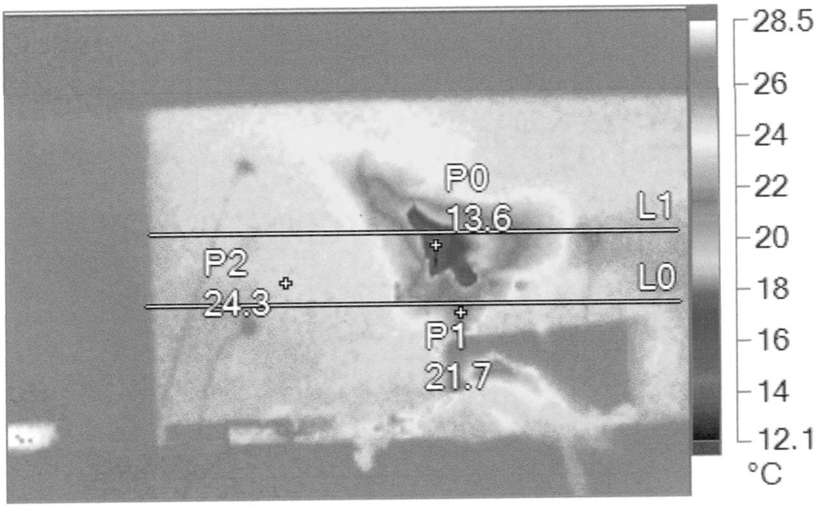

（a）F 阶段全红外图

（b）F 阶段全可见光图

图 4-34 F 阶段巷道顶板上部节理裂隙红外对比

图 4-35 为 F 阶段巷道顶板上部节理裂隙红外温度分布曲线图，从图中可以看出，线 L0、L1 的平均红外温度为 24.0℃、23.0℃，红外温度变化幅度大，低温区域降温显著，线 L0、L1 降温幅度分别为 2.8℃、9.6℃，这表明在聚能荷载的瞬间作用下，形成的拉伸力使模型内部切缝迅速扩展开裂以致宏观破坏，顶板脱落，致使温度骤降。

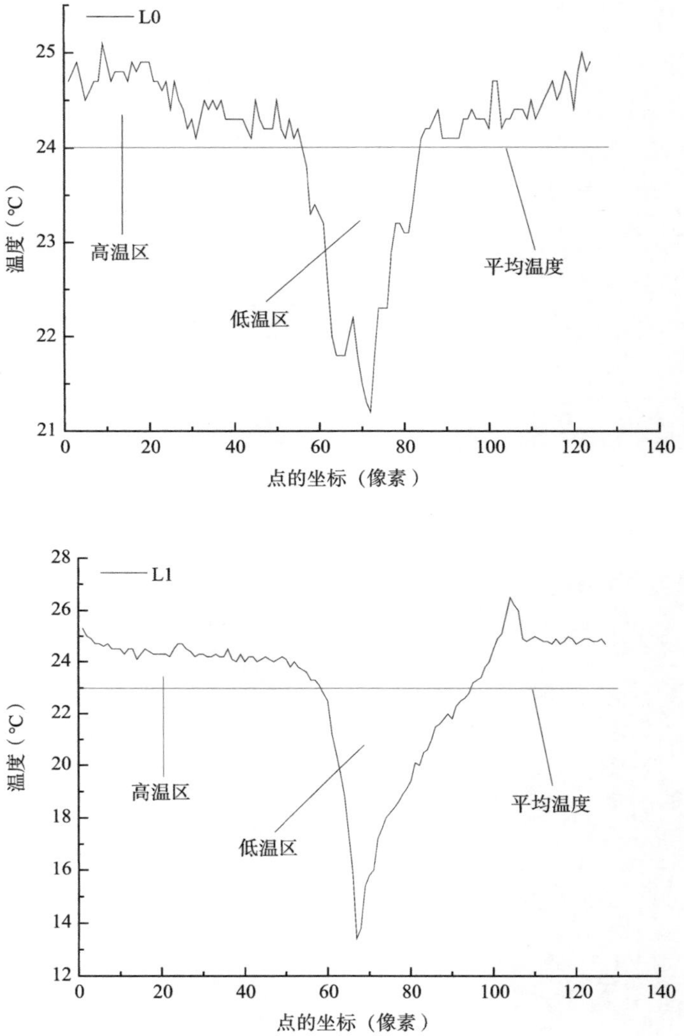

图 4-35　F 阶段巷道顶板上部节理裂隙红外温度分布

4.6.4　声发射信号分析

试验过程中，随着荷载的逐步增加和聚能切缝的作用，物理模型内部在能量作用下会不断产生裂隙，伴随裂隙的产生、扩展以及颗粒间相互作用，会产生大量声发射事件。声发射传感器距离聚能切缝处的位置不同，采集的波形信号也存在很大差异。

图 4-36 为不同通道采集的波形信号脉冲图。

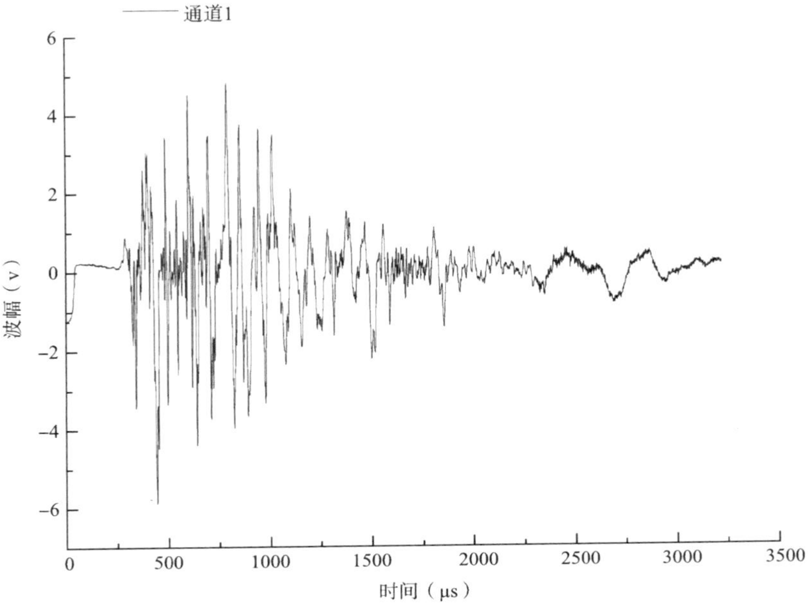

（a）通道 1 波形脉冲

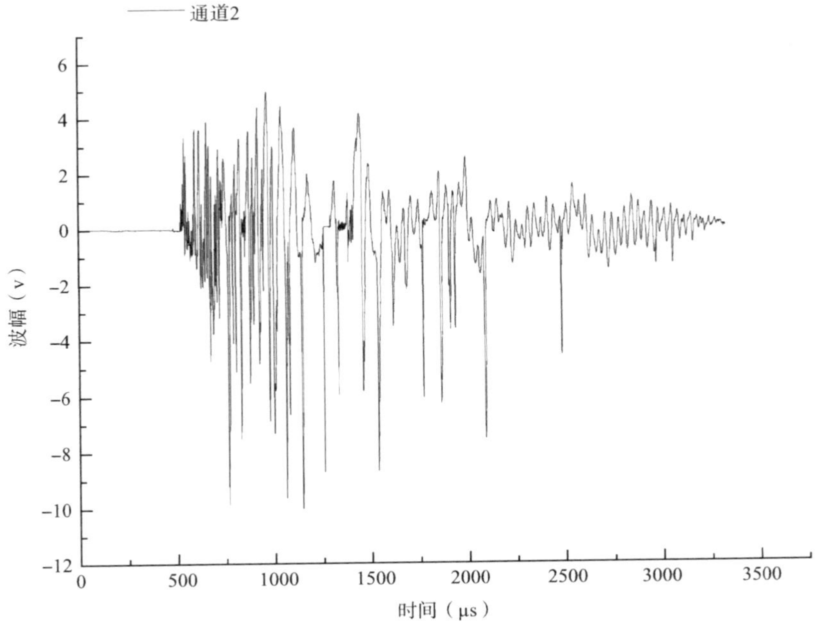

（b）通道 2 波形脉冲

图 4-36 波形信号脉冲图（一）

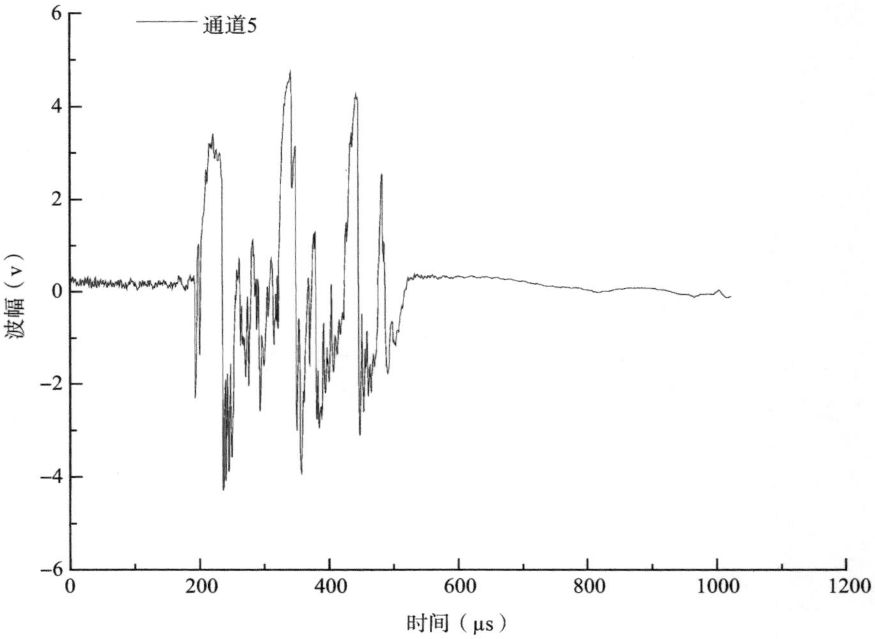

（c）通道 5 波形脉冲

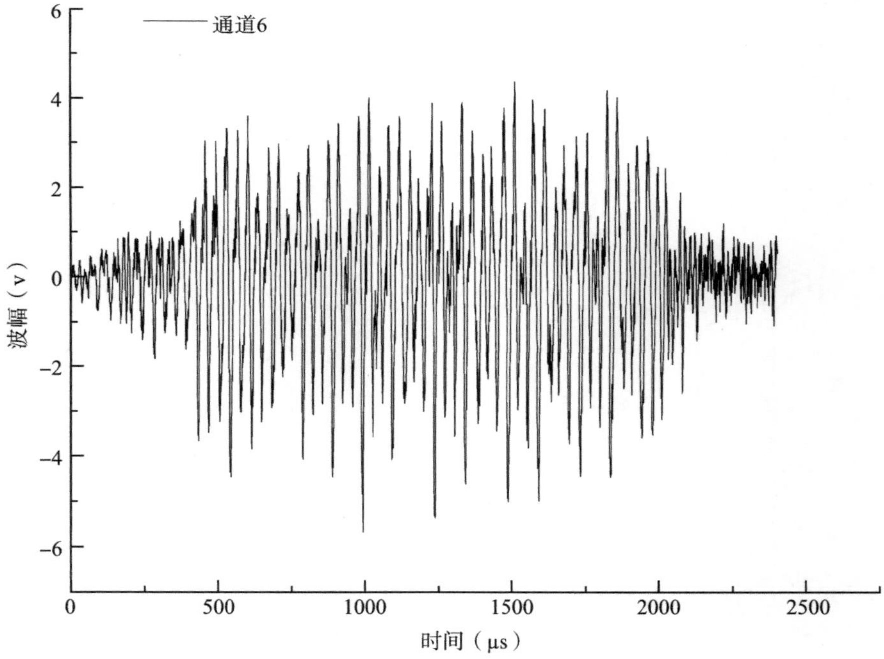

（d）通道 6 波形脉冲

图 4-36　波形信号脉冲图（二）

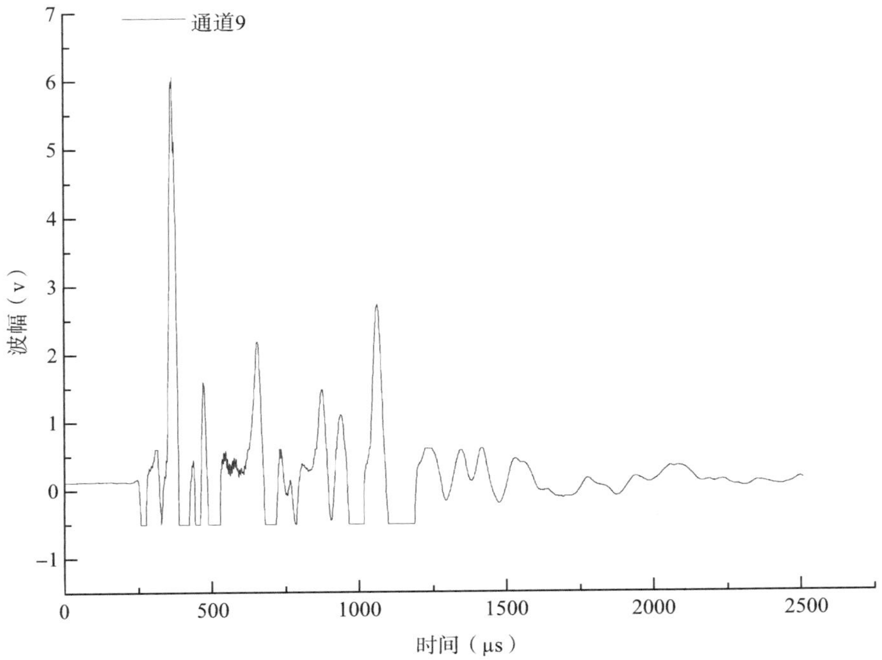

（e）通道 9 波形脉冲

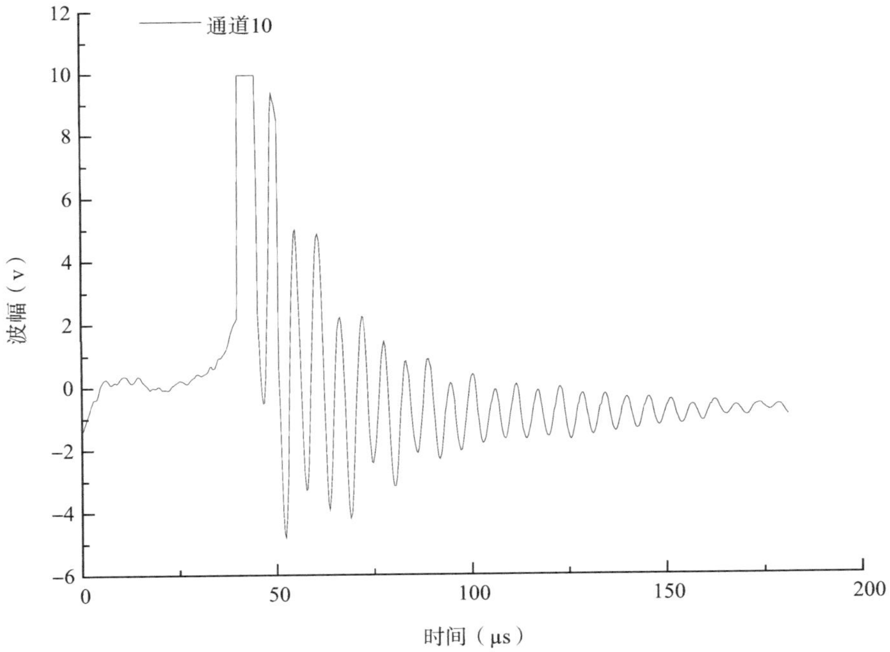

（f）通道 10 波形脉冲

图 4-36　波形信号脉冲图（三）

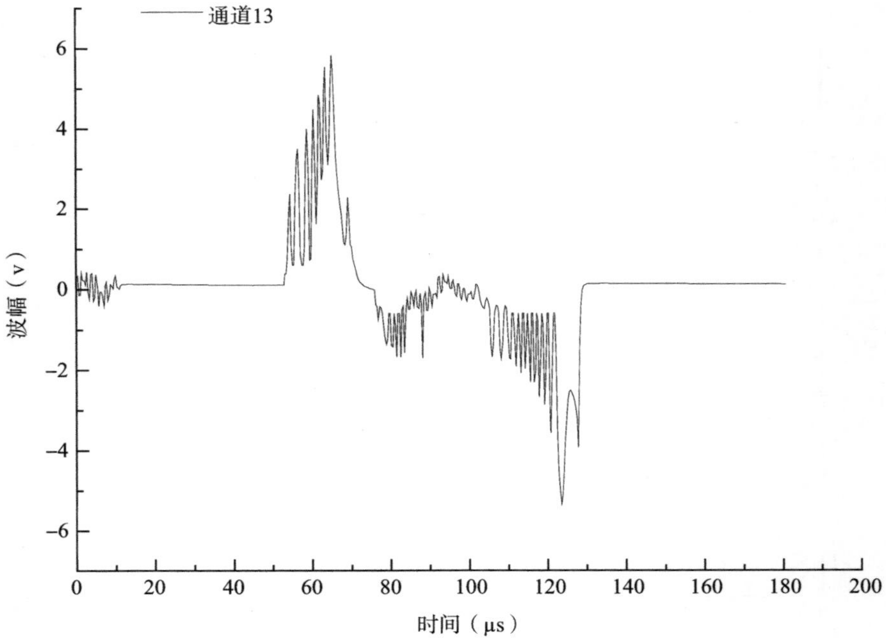

（g）通道 13 波形脉冲

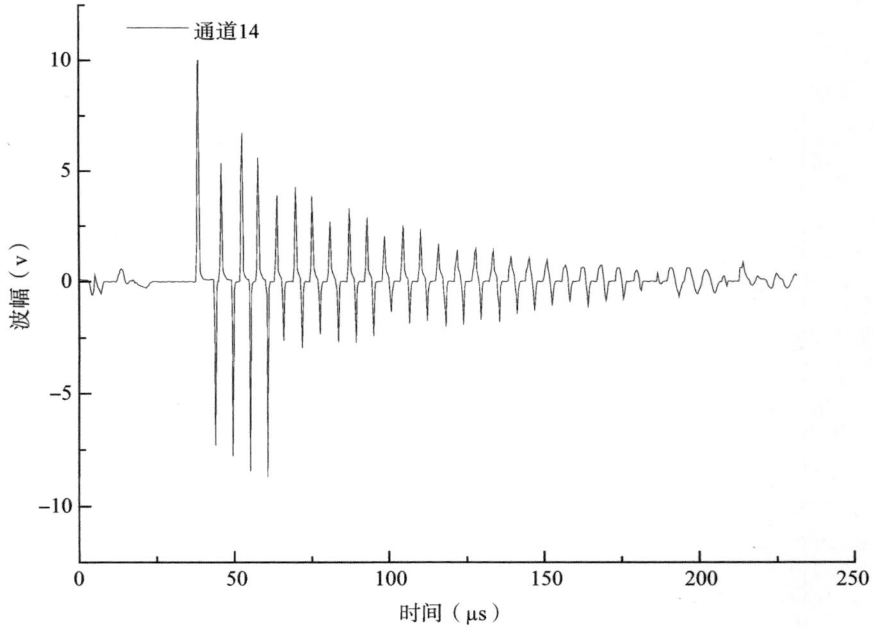

（h）通道 14 波形脉冲

图 4-36　波形信号脉冲图（四）

从图 4-36 可以看出，通道 1、2、6、9 的波形脉冲持续时间较长，分别为 2000μs、

2750μs、2500μs 和 1950μs；通道 5、10、13、14 的波形脉冲持续时间较短，分别为 360μs、133μs、75μs 和 183μs。通道 2 的声发射传感器位于聚能切缝顶端，能量从切缝顶端聚能切割装置的聚能孔处作用于物理模型，切缝顶端受到的能量冲击大，脉冲的峰值很大，上升速度快，下降呈振荡衰减，作用时间长，脉冲时间最长，为 2750μs。通道 6 为巷道顶板中心位置，波形脉冲的波幅没有很大起伏，发射的频度高、能量小。

4.7 本章小结

本章阐述了相似理论以及量纲分析法以确定相似系数；对地质模型试验台的组成、性能、结构原理及适用范围进行了介绍；通过对相似材料的研究试验，选取了石膏作为相似材料。通过对石膏不同的配合比试验确定了水灰比，利用相似三大定律确定了物理模型的相关系数。

着重介绍了物理模型的搭建、监测设计和数据采集与分析，物理模型分阶段加载后，分析了模型巷道顶板及切缝处四个关键点的应变演化规律，应力水平加载至总负荷的 50% 的过程中，应变基本保持不变，应变幅度较小，模型没有产生较大变形；应力水平加载至总负荷的 80% 时，在聚能切缝作用后，应变曲线出现了显著变化，物理模型沿着切缝方向出现裂缝，最终裂缝完全扩展发育，物理模型巷道顶板脱落。

对物理模型巷道顶板处进行红外温度场变化特征分析，应力水平加载至总负荷的 2%、5%、10%、20% 时，全红外图变化不大，模型内部无裂隙产生；加载至总负荷的 50% 时，沿着切缝处出现了明显的条带低温区域，表明模型内部节理裂隙开始发育；加载至总负荷的 80% 时，在聚能切缝作用下，出现了大面积的块状低温区域，模型内部节理裂隙发育贯通，模型发生宏观破坏，巷道顶板脱落。

05

第5章

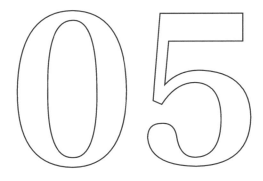

结论与展望

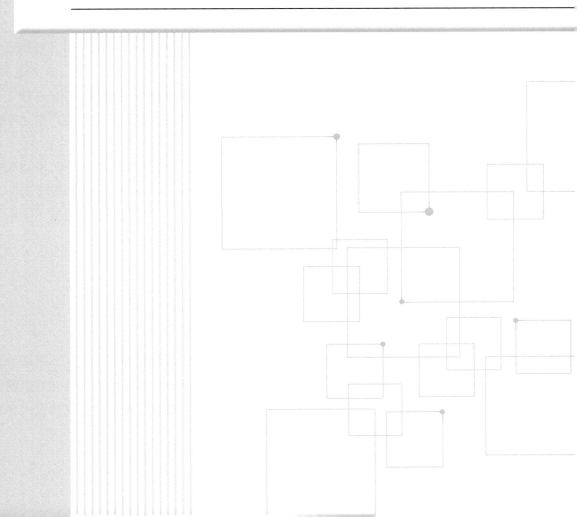

5.1 结论

（1）为了研究深部砂岩处于热—水—力耦合环境下的动态力学特性，研发了岩土体动态冲击力学试验系统，得出的主要结论如下：

1）自主研发的岩土体动态冲击力学试验系统带有主动围压加载系统、温度控制系统和水压加载系统，能够进行深部岩石在不同热—水—力耦合环境下的动态冲击试验，准确得到深部岩石的动力学特性。

2）通过计算机系统能够快速计算深部岩石各项参数，例如应力、应变、应变率等，准确度较高。

（2）利用自主研发的岩土体动态冲击力学试验系统进行了深部砂岩热—水—力耦合环境下的动态冲击试验，研究了深部砂岩应力、应变、应变率与能量耗散的规律，得出的主要结论如下：

1）在不同耦合环境条件下，深部砂岩的峰值应力随着冲击气压的增大而增大；峰值应变也随着冲击气压的增大而增大，与峰值应力表现出一致性；从深部砂岩的应力应变特性曲线可以看出，变形破坏过程有屈服阶段、应变强化阶段和卸载破坏阶段，破坏类型有脆性破坏向延性破坏转化的趋势。

2）深部砂岩的峰值应力随着应变率变化表现出明显的应变率相关性，具体表现为随着应变率的增大，峰值应力不断增大。

3）岩石试样发生变形破坏的过程就是岩石试样内部能量耗散的过程，在冲击、爆破等动态荷载作用下，耗散的能量越多，变形就越明显，破碎程度也越严重，可以从能量耗散角度分析岩石破碎机制。

（3）利用物理模型试验研究了巷道围岩在聚能切缝下裂隙演化机理，得到结论：在聚能切缝作用下，巷道围岩应变都会发生明显的突变，裂缝出现并开始发育。从应变变化及破坏特征方面来看，在有聚能孔的顶板变化最为明显，裂缝发育更完全，说明巷道顶板的泥岩在聚能切缝作用下受的影响较大，破裂效果明显。

5.2 展望

深部岩体动态力学特性的研究一直是国内外研究学者的重要课题。本书通过岩土体动态冲击试验和物理模型试验，研究了深部砂岩的动态冲击力学特性和巷道围岩裂隙演化机理，取得一定的研究成果，但由于试验条件限制，仍有许多可研究内容等待进一步研究：

（1）受岩土体动态冲击力学试验系统的限制，该系统只能够研究直径 100mm、高度 50mm 这一种尺寸的试样。而试样尺寸不同，研究带来的结果也不尽相同，需要采用其他尺寸进行试验研究。

（2）本试验的耦合因素中，含有围压、轴压、渗透水压及温度等众多变量，设计的正交试验进行冲击试验的标准试样数量有限，得到的试验结果数据可能存在偏差，下一步研究需进行大量冲击试验进行验证。

（3）物理模型试验中研究的是巷道顶板泥岩在聚能切缝作用下的裂隙演化规律，尚未模拟深部层状砂岩的聚能切缝特性，希望可以对深部层状砂岩进行物理模拟试验，研究其聚能切缝特性。

参考
文献

[1] 孙广忠 . 岩体结构力学 [M]. 北京：科学出版社，1988.
[2] 李安洪，周德培，冯君，等 . 顺层岩质边坡稳定性分析与支挡防护设计 [M]. 北京：人民交通出版社，2011.
[3] 李玉生 . 鸡扒子滑坡——长江三峡地区老滑坡复活的一个实例 [C]// 中国岩石力学与工程学会 . 中国典型滑坡，1986：323-328.
[4] 赵永辉 . 澜沧江古水水电站争岗巨型滑坡形成机理及演化过程研究 [D]. 成都：成都理工大学，2016.
[5] 黄吕卫 . 玛尔挡水电站坝肩高边坡工程地质研究 [D]. 兰州：兰州大学，2011.
[6] 黄书岭，丁秀丽，邬爱清，等 . 层状岩体多节理本构模型与试验验证 [J]. 岩石力学与工程学报，2012，31（8）：1627-1635.
[7] Jr A J H，Patton F D.The vaiont slide——A geotechnical analysis based on new geologic observations of the failure surface[J].Engineering Geology，1987，24（1-4）：475-491.
[8] 殷跃平 . 重庆武隆“5.1”滑坡简介 [J]. 中国地质灾害与防治学报，2001，12（2）：98.
[9] 刘传正，王洪德，涂鹏飞，等 . 长江三峡链子崖危岩体防治工程效果研究 [J]. 岩石力学与工程学报，2006，25（11）：2171-2179.
[10] 李树武 . 澜沧江乌弄龙水电站坝址右岸大型倾倒体变形特征、成因机制及稳定性研究 [D]. 成都：成都理工大学，2012.
[11] 沈明荣，陈建锋 . 岩体力学 [M]. 上海：同济大学出版社，2015.
[12] 王思敬 . 论岩石的地质本质性及其岩石力学演绎 [J]. 岩石力学与工程学报，2009，28（3）：433-450.
[13] 戴俊 . 岩石动力学特性与爆破理论 [M]. 北京：冶金工业出版，2013.
[14] 黄理兴 . 岩石动力学研究成就与趋势 [J]. 岩土力学，2013，32（10）：2889-2990.
[15] 王明洋，解东升，李杰，等 . 深部岩体变形破坏动态本构模型 [J]. 岩石力学与工程学报，2013，32（6）：1112-1120.
[16] 李兆霞 . 损伤力学及其应用 [M]. 北京：科学出版社，2002.
[17] 李杰，王明洋，陈昊祥，等 . 深部非线性岩石动力学的理论发展及应用 [J]. 中国科学：物理学 力学 天文学，2020，50（2）：17-24.
[18] 陈军涛，李明，程斌斌，等 . 加载速率对大尺寸试样破裂特性的影响规律 [J]. 煤田地质与勘探，2019，47（5）：163-172.
[19] 陈昊祥，王明洋，李杰 . 深部岩体变形破坏的特征能量因子与应用 [J]. 爆炸与冲击，2019，39（8）：38-48.
[20] 崔正荣，汪禹，仪海豹，等 . 深部高地应力条件下双孔爆破岩体损伤数值模拟及试验研究 [J]. 爆破，2019，36（2）：59-64.

[21] 汪禹，张西良，俞海云，等．卸压爆破下岩体损伤模拟研究 [J]. 现代矿业，2018，34（2）：60-63，68.

[22] 张西良，汪禹，崔正荣，等．深部围压对岩体爆破损伤范围影响数值分析 [J]. 爆破，2018，35（2）：56-60.

[23] 张传庆，张玲，周辉，等．深部硬岩的力学特性与支护要求 [J]. 武汉工程大学学报，2018，40（5）：543-549.

[24] 李家卓，谢广祥，王磊，等．深部煤层底板岩层卸荷动态响应的变形破裂特征研究 [J]. 采矿与安全工程学报，2017，34（5）：876-883.

[25] 雷刚，李元辉，徐世达，等．基于 FLAC3D 模拟的深部岩体爆破损伤规律研究 [J]. 金属矿山，2017（10）：135-140.

[26] 谢和平，高峰，鞠杨．深部岩体力学研究与探索 [J]. 岩石力学与工程学报，2015，34（11）：2161-2178.

[27] Lekhnitskii S G，Fern P，Brandstatter J J，et al.Theory of Elasticity of an Anisotropic Elastic Body[J].Physics Today，1964，17（1）：84-84.

[28] Salamon M D G.Elastic moduli of stratified rock mass[J].International Journal of Rock Mechanics & Mining Science & Geomechanics Abstracts，1968，5（6）：519-527.

[29] Tien Y M，Kuo M C，Ming C K.A failure criterion for transversely isotropic rocks[J]. International Journal of Rock Mechanics & Mining Sciences，2001，38（3）：399-412.

[30] Tavallali A，Vervoort A.Failure of Layered Sandstone under Brazilian Test Conditions：Effect of Micro-Scale Parameters on Macro-Scale Behaviour[J].Rock Mechanics & Rock Engineering，2010，43（5）：641-653.

[31] 康钦容，张卫中，张电吉．层状岩体破坏性质试验研究 [J]. 科学技术与工程，2017，17（14）：273-276.

[32] 左双英，史文兵，梁风，等．层状各向异性岩体破坏模式判据数值实现及工程应用 [J]. 岩土工程学报，2015，37（S1）：191-196.

[33] 梁庆国，韩文峰，马润勇，等．强地震动作用下层状岩体破坏的物理模拟研究 [J]. 岩土力学，2005，26（8）：1307-1311.

[34] 赵东雷，左双英，黄春，等．层状岩体各向异性损伤力学特征的试验研究 [J]. 水电能源科学，2019，37（11）：144-147，91.

[35] 曲广琇，任鹏．层状岩体横观各向同性力学参数及破坏形态试验研究 [J]. 交通科技，2019（5）：19-23.

[36] 欧雪峰，张学民，张聪，等．冲击加载下板岩压缩破坏层理效应及损伤本构模型研究 [J]. 岩石力学与工程学报，2019，38（S2）：3503-3511.

[37] 杨仁树，李炜煜，方士正，等 . 层状复合岩体冲击动力学特性试验研究 [J]. 岩石力学与工程学报，2019，38（9）：1747-1757.

[38] 李洪涛，王志强，姚强，等 . 石英云母片岩动力学特性实验及爆破裂纹扩展研究 [J]. 岩石力学与工程学报，2015，34（10）：2125-2141.

[39] 袁璞，马瑞秋 . 不同含水状态下煤矿砂岩 SHPB 试验与分析 [J]. 岩石力学与工程学报，2015，34（S1）：2888-2893.

[40] 袁璞，马芹永 .SHPB 试验中岩石试件的端面不平行修正 [J]. 爆炸与冲击，2017，37（5）：929-936.

[41] 李地元，邱加冬，李夕兵 . 冲击载荷作用下层状砂岩动态拉压力学特性研究 [J]. 岩石力学与工程学报，2015，34（10）：2091-2097.

[42] 李地元，成腾蛟，周韬，等 . 冲击载荷作用下含孔洞大理岩动态力学破坏特性试验研究 [J]. 岩石力学与工程学报，2015，34（2）：249-260.

[43] 董英健，郭连军，贾建军 . 冲击加载作用下矿石试件的动态力学特性及块度分布特征 [J]. 金属矿山，2019（8）：38-43.

[44] Mishra，Sunita，Chakraborty，et al.Determination of High-Strain-Rate Stress-Strain Response of Granite for Blast Analysis of Tunnels[J].Journal of Engineering Mechanics，2019，145（8）：23.

[45] Oh Se-Wook，Min Gyeong-Jo，Park Se-Woong，et al.Anisotropic influence of fracture toughness on loading rate dependency for granitic rocks[J].Engineering Fractre Mechanics，2019，221：13.

[46] Ai Dihao，Zhao Yuechao，Xie Beijing，et al.Experimental Study of Fracture Characterizations of Rocks under Dynamic Tension Test with Image Processing[J].Shock and Vibration，2019：14.

[47] 刘军忠，许金余，吕晓聪，等 . 主动围压下岩石的冲击力学性能试验研究 [J]. 振动与冲击，2011，30（06）：120-126.

[48] 陈璐，郭利杰 . 高应力条件下深部花岗岩冲击破碎耗能试验研究 [J]. 中国矿业，2019，28（S2）：354-359.

[49] 高强，汪海波，吕闹，等 . 不同冲击速度下硬煤的力学特性试验研究 [J]. 中国安全生产科学技术，2019，15（1）：69-74.

[50] 王立新 . 不同围压和轴压下花岗类岩石的动力特性分析 [J]. 新疆有色金属，2018，41（6）：46-48，51.

[51] 高富强，张军，何朋立 . 不同围压荷载和含水状态下砂岩 SHPB 试验研究 [J]. 矿业研究与开发，2018，38（6）：65-68.

[52] 尹土兵，李夕兵，殷志强，等 . 高温后砂岩静、动态力学特性研究与比较 [J]. 岩石力学与工程学报，2012，31（2）：273-279

[53] Wang Tingwu，Liu Qingquan，Yang Yongqi，et al.Ground and Underground Engineering ControlBlasting[M].Beijing：Coal Indus-try Press，1990.

[54] Xue Jilian.Construction technique applied to the softrock tunnel of Changliangshan[J].Chinese Journal of Rock Mechanics and Engineering，2000，16（Supplement）：1085-1094.

[55] Yu Musong，Yang Yongqi，Yang Renshu，et al.Model experimental study on mechanism of borehole directed fracture blasting [J].Explosion and Shock Waves，1997，17（2）：159-165.

[56] Wang Shuren，Wei Youzhi.Fracture control in rock blasting[J].Journal of China Institute of Mining&Technology，1985，14（3）：113-120.

[57] Fourney W L，Dally JW，Holloway D C.Controlled blasting with ligamented charge holder [J]. Int J Rock Mech Min Sci，1978，15（3）：184-188.

[58] Langefors U and Kihlstorm B.Rock Blasting [M].New York：John Wiley& Sons Inc，1963.300-301.

[59] Chen Yiwei（陈益蔚）.Parameters design of grooved borehole blasting[J].Metal Mine（金属矿山），1991，（12）：26-31.

[60] 王树仁，魏有志 . 岩石爆破中断裂控制的研究 [J]. 中国矿业学院学报，1985（3）：113-120.

[61] 杨仁树，宋俊生，杨永琦 . 切槽孔爆破机理模型试验研究 [J]. 煤炭学报，1995（2）：197-200.

[62] 于滨，王万富，杜卫东，等 . 岩巷定向断裂控制爆破应用中的技术问题 [J]. 建井技术，1999，20（6）：28-30.

[63] 熊田芳，邵生俊，王天明，等 . 西安地铁正交地裂缝隧道的模型试验研究 [J]. 岩土力学，2010，31（1）：179-186.

[64] 黄达，黄润秋 . 卸荷条件下裂隙岩体变形破坏及裂纹扩展演化的物理模型试验 [J]. 岩石力学与工程学报，2010，29（3）：502-512.

[65] 黄达，金华辉，黄润秋 . 拉剪应力状态下岩体裂隙扩展的断裂力学机制及物理模型试验 [J]. 岩土力学，2011，32（4）：997-1002.

[66] 韩嵩，蔡美峰 . 节理岩体物理模拟与超声波试验研究 [J]. 岩石力学与工程学报，2007（5）：1026-1033.

[67] 陈陆望，白世伟 . 坚硬脆性岩体中圆形洞室岩爆破坏的平面应变模型试验研究 [J]. 岩石力学与工程学报，2007，26（12）：2504-2509.

[68] 陈陆望，白世伟，李一帆 . 开采倾斜近地表矿体地表及围岩变形陷落的模型试验研究 [J]. 岩土力学，2006，27（6）：885-889，894.

[69] 何满潮，钱七虎 . 深部岩体力学基础 [M]. 北京：科学出版社，2010.

[70] 李夕兵，周子龙，叶州元，等 . 岩石动静组合加载力学特性研究 [J]. 岩石力学与工程学报，

2008，27（7）：1387-1395.

[71] 李夕兵，尹土兵，周子龙，等．温压耦合作用下的粉砂岩动态力学特性试验研究 [J]. 岩石力学与工程学报，2010，29（12）：2377-2384.

[72] Li XB，Zou Y，Zhou ZL.Numerical simulation of the rock SHPB test with a special shape striker based on the discrete element method [J].Rock Mechanics and Rock Engineering，2014，47：1693-1709.

[73] 宫凤强，李夕兵，刘希灵，等．一维动静组合加载下砂岩动力学特性的试验研究 [J]. 岩石力学与工程学报，2010，29（10）：2076-2085.

[74] 宫凤强，李夕兵，刘希灵．三维动静组合加载下岩石力学特性试验初探 [J]. 岩石力学与工程学报，2011，30（6）：1179-1190.

[75] Nakagawa S.Split Hopkinson resonant bar test for sonic-frequency acoustic velocity and attenuation measurements of small，isotropic geological samples [J].Review of Scientific Instruments，2011，82：044901-044913.

[76] 殷志强，李夕兵，尹土兵，等．高应力岩石围压卸载后动力扰动的临界破坏特性 [J]. 岩石力学与工程学报，2012，31（7）：1355-1362.

[77] 叶洲元，赵伏军，周子龙．动静组合载荷下卸荷岩石力学特性分析 [J]. 岩土工程学报，2013，35（3）：454-459.

[78] Liu S，Xu J Y.Experimental and numerical analysis of Qinling mountain engineered rocks during pulse-shaped SHPB test [J].International Journal of Nonlinear Sciences and Numerical Simulation，2015，16（3-4）：165-171.

[79] Wu H，Fang Q，Lu Y S，Zhang Y D，Liu JC.Model tests on anomalous low friction and pendulum-type wave phenomena [J].Progress in Natural Science，2009，19：1805-1820.

[80] Dai F，Huang S，Xia K W，Tan Z Y.Some fundamental issues in dynamic compression and tension tests of rocks using Split Hopkinson pressure bar [J].Rock Mechanics and Rock Engineering，2010，43：657-666.

[81] 李夕兵，翁磊，谢晓锋，等．动静载荷作用下含孔洞硬岩损伤演化的核磁共振特性试验研究 [J]. 岩石力学与工程学报，2015，34（10）：1985-1993.

[82] Gao G，Yao W，Xia K，et al.Investigation of the rate dependence of fracture propagation in rocks using digital image correlation（DIC）method [J].Engineering Fracture Mechanics，2015，138：146-155.

[83] Zhang Q B，Zhao J.Determination of mechanical properties and full-field strain measurements of rock material under dynamic loads [J].International Journal of Rock Mechanics & Mining Sciences，2013，60：423-439.

[84] 李维树，单治钢，刘洋，等.三向高应力状态下深埋大理岩变形特性试验研究[J].岩石力学与工程学报，2013，32（10）：2015-2021.

[85] Zou C J，Wong L N Y.Experimental studies on cracking processes and failure in marble under dynamic loading [J].Engineering Geology，2014，173：19-31.

[86] 赵光明，谢理想，孟祥瑞.软岩的动态力学本构模型[J].爆炸与冲击，2013，33（2）：126-132.

[87] Wang MY，Zhang N，Li J，et al.Computational method of large deformation and its application in deep mining tunnel [J].Tunnelling and Underground Space Technology，2015，50：47-53.

[88] Li HB，Li JC，Liu B，et al.Direct tension test for rock material under different strain rates at quasi-static loads [J].Rock Mechanics and Rock Engineering，2013，46：1247-1254.

[89] Liu XH，Dai F，Zhang R，et al.Static and dynamic uniaxial compression tests on coal rock considering the bedding directivity [J].Environmental Earth Sciences，2015，73：5933-5949.

[90] 李清，梁媛，任可可，等.聚能药卷的爆炸裂纹定向扩展过程试验研究[J].岩石力学与工程学报，2010，29（8）：1684-1689.

[91] 岳中文，杨仁树，陈岗，等.切缝药包空气间隔装药爆破的动态测试[J].煤炭学报，2011，36（3）：398-402.

[92] Wang XC，Yang XF，Fang ZL，et al.Studies on the property of crack propagation velocity under guidance blasting with water jet slotting [J].Disaster Advances，2012，5（4）：567-570.

[93] 杨仁树，王雁冰.切缝药包不耦合装药爆破爆生裂纹动态断裂效应的试验研究[J].岩石力学与工程学报，2013，32（7）：1337-1343.

[94] 杨仁树，王雁冰，薛华俊，等.切缝药包爆破岩石爆生裂纹断面的SEM试验[J].中国矿业大学学报，2013，42（3）：337-341.

[95] Yue ZW，Yang LY，Wang YB.Experimental study of crack propagation in polymethyl methacrylate material with double holes under the directional controlled blasting [J].Fatigue and Fracture of Engineering Materials and Structures，2013，36：827-833.

[96] Onederra IA，FurtneyJK，Sellers E，Iverson S.Modelling blast induced damage from a fully coupled explosive charge [J].International Journal of Rock Mechanics & Mining Sciences，2013，58：73-84.

[97] 穆朝民，王海露，黄文尧，等.高瓦斯低透气性煤体定向聚能爆破增透机制[J].岩土力学，2013，34（9）：2496-2500.

[98] 刘健，刘泽功，高魁，等.不同装药模式爆破载荷作用下煤层裂隙扩展特征试验研究[J].岩石力学与工程学报，2016，35（4）：735-742.

[99] Huang BX，Li PF，Ma J，et al.Experimental investigation on the basic law of hydraulic fracturing after water pressure control blasting [J].Rock Mechanics and Rock Engineering，2014，47：1321-1334.

[100] Chen W，Ma HH，Shen ZW，et al.Experiment research on the rock blasting effect with radial jet cracker [J].Tunnelling and Underground Space Technology，2015，49：249-252.

[101] 何满潮,王成虎,李小杰．节理化工程岩体成型爆破技术研究 [J]. 岩土力学,2004,25（11）：1749-1753.

[102] 何满潮．一种双向聚能拉张成型爆破管：200610113007.X[P].2006-09-06.

[103] Ma GW，An XM.Numerical simulation of blasting-induced rock fractures [J].International Journal of Rock Mechanics & Mining Sciences，2008，45：966-975.

[104] 杨仁树，佟强，杨国梁．聚能管装药预裂爆破模拟试验研究 [J]. 中国矿业大学学报，2010，39（5）：631-635.

[105] Kang Y，Wang XC，Yang XF，et al.Numerical simulation of control blasting with borehole protecting and water jet slotting in soft rock mass [J].Disaster Advances，2012，5（4）：933-938.

[106] 康勇，郑丹丹，粟登峰，等．水射流切槽定向聚能爆破模型及数值模拟研究 [J]. 振动与冲击，2015，34（9）：182-188.

[107] 郭德勇，吕鹏飞，裴海波，等．煤层深孔聚能爆破裂隙扩展数值模拟 [J]. 煤炭学报，2012，37（2）：274-278.

[108] 郭德勇，商登莹，吕鹏飞，等．深孔聚能爆破坚硬顶板弱化试验研究 [J]. 煤炭学报，2013，38（7）：1149-1153.

[109] Aliabadian Z，Sharafisafa M.Numerical modeling of presplitting controlled method in continuum rock masses [J].Arabian Journal of Geosciences，2014，7：5005-5020.

[110] Hu YG，Lu WB，Chen M，et al.Comparison of blast-induced damage between presplit and smooth blasting of high rock slope [J].Rock Mechanics and Rock Engineering，2014，47：1307-1320.

[111] Hu YG，Lu WB，Chen M，et al.Numerical simulation of the complete rock blasting response by SPH-DAM-FEM approach [J].Simulation Modelling Practice and Theory，2015，56：55-68.

[112] 秦健飞．双聚能预裂与光面爆破综合技术 [M]. 北京：中国水利水电出版社，2014.

[113] Chen M，Lu WB，Yan P，et al.Blasting excavation induced damage of surrounding rock masses in deep-buried tunnels [J].KSCE Journal of Civil Engineering，2016，20（2）：933-942.

[114] 杨国梁，毕京九，董智文，等．定向断裂控制爆破下层理页岩的致裂机理 [J]. 爆炸与冲击，

2024，44（6）：3-17.

[115] 傅师贵，刘泽功，张健玉，等．高地应力下岩体控制爆破机理与损伤演化特征研究 [J]. 采矿与安全工程学报，2024，41（4）：867-878.

[116] 叶建军，彭庆波，韩学军，等．高墩筒支渡槽逐跨延期双向定向倒塌爆破拆除 [J]. 爆破，2023，40（3）：123-128，133.

[117] 张鑫，刘泽功，张健玉，等．高瓦斯低渗煤层控制孔与定向控制爆破复合作用增透试验研究 [J]. 岩石力学与工程学报，2023，42（8）：2018-2027.

[118] 程兵，汪海波，宗琦，等．基于切缝装药定向预裂的中深孔掏槽爆破研究 [J]. 振动与冲击，2023，42（3）：322-329.

[119] 于斌，郃阳，李勇，等．坚硬顶板复合爆破定向造缝技术及工程应用 [J]. 煤炭学报，2023，48（1）：126-138.

[120] 胡斌，贾雅兰，李京，等．矿山滑坡危岩体定向拆除抛掷爆破应急排险方法 [J]. 金属矿山，2022，（7）：89-96.

[121] 王雁冰，李书萱，耿延杰，等．切缝药包爆破定向断裂机理及围岩损伤特性分析 [J]. 工程科学学报，2023，45（4）：521-532.

[122] 司晓鹏，周昌台．定向爆破预裂和柔模混凝土墙技术在成庄煤矿的协同应用 [J]. 煤矿安全，2022，53（12）：92-100.

[123] 余永强，余雳伟，范利丹，等．定向断裂控制爆破技术在巷道掘进中应用研究 [J]. 爆破，2022，39（1）：61-67，94.

[124] 刘迪，顾云，孙飞，等．基于聚能射流的岩石定向劈裂机制 [J]. 爆炸与冲击，2023，43（8）：79-89.

[125] 薛永利，王静，顾云，等．混凝土双向多点聚能定向劈裂成缝实验研究 [J]. 工程爆破，2023，29（5）：113-119.

[126] 王振锋，王宇，张涛．掘进工作面水环保压聚能定向爆注卸压技术与装置 [J]. 煤炭学报，2023，48（11）：4036-4048.

[127] 杨帅，刘泽功，常帅，等．地应力作用下聚能爆破煤体损伤特征试验研究 [J]. 采矿与安全工程学报，2024，41（5）：1078-1090.

[128] 林金山，张翔．基于 ANSYS/LS-DYNA 的聚能爆破数值模拟分析 [J]. 西部交通科技，2023，（10）：187-189.

[129] 吴波，韦汉，徐世祥，等．基于 SP H 的椭圆双极线性聚能药包控制爆破数值模拟研究 [J]. 煤炭科学技术，2022，50（5）：135-142.

[130] 尤元元，崔正荣，张西良，等．爆破中双线型聚能药包最佳成缝角度 [J]. 爆炸与冲击，2023，43（2）：142-156.

[131] 郭德勇，张超，朱同功．地应力对煤层深孔聚能爆破致裂增透的作用 [J]. 工程科学学报，2022，44（11）：1832-1843.

[132] 张鑫，刘泽功，高魁，等．深部高瓦斯低渗煤层定向聚能爆破裂纹扩展规律试验研究 [J]. 振动与冲击，2024，43（13）：217-226.

[133] 段宝福，陈佳华，柴明星，等．深孔聚能预裂爆破切顶卸压机理与应用 [J]. 山东科技大学学报（自然科学版），2024，43（1）：1-10.

[134] 郭东明，朱若凡，张伟，等．聚能管爆破参数对周边爆破效果的影响 [J]. 爆破，2023，40（4）：96-102.

[135] 赵志鹏，欧阳烽，何富连，等．切顶沿空留巷双向聚能爆破关键参数研究 [J]. 煤矿安全，2022，53（2）：226-233.

[136] 周阳威，蒋志明，邓琛，等．环向切缝管聚能射流的数值模拟 [J]. 工程爆破，2023，29（2）：1-9.

[137] 李万全，赵云涛，耿阳，等．聚能切割技术在爆破片上的应用研究 [J]. 火工品，2022，（5）：5-8.

[138] 王静，薛永利，丁建，等．岩石控界切割锥形聚能射流的优化设计及试验 [J]. 爆破器材，2023，52（3）：52-57.

[139] 蒲俊州，李征鸿，姜国纯，等．炸高对 RDX 基聚能切割索爆破切割有机玻璃的影响研究 [J]. 火工品，2022，（4）：21-26.

[140] 王鑫，汪海波，王传兵，等．锥角参数对单向聚能药柱爆破破岩效果的影响 [J]. 爆破器材，2023，52（3）：45-51.

[141] 张文明，汪海波，李万峰，等．圆弧形聚能装药结构爆破破岩效果数值模拟 [J]. 科学技术与工程，2023，23（25）：10756-10763.

[142] 周庆宏，罗勇，肖殿才，等．双向聚能爆破技术在岩巷掘进中的应用 [J]. 煤炭工程，2023，55（9）：34-40.

[143] 吴波，李华隆，蒙国往，等．椭圆双极线性聚能水压爆破数值分析及应用 [J]. 铁道工程学报，2022，39（3）：87-93.

[144] 何满潮，谢和平，彭苏萍，等．深部开采岩体力学研究 [J]. 岩石力学与工程学报，2005，24（16）：2803-2813.

[145] 王亚军，何满潮，张科学，等．无煤柱自成巷开采巷道矿压显现特征及控制对策 [J]. 采矿与安全工程学报，2018，35（4）：677-685.

[146] 何满潮，宋振骐，王安，等．长壁开采切顶短壁梁理论及其 110 工法——第三次矿业科学技术变革 [J]. 煤炭科技，2017，（1）：1-13.

[147] 何满潮，高玉兵，杨军，等．无煤柱自成巷聚能切缝技术及其对围岩应力演化的影响研

究 [J]. 岩石力学与工程学报，2017，36（6）：1314-1325.

[148] 何满潮，郭鹏飞，张晓虎，等 . 基于双向聚能拉张爆破理论的巷道顶板定向预裂 [J]. 爆炸与冲击，2018，38（4）：795-803.

[149] 高玉兵，杨军，张星宇，等 . 深井高应力巷道定向拉张爆破切顶卸压围岩控制技术研究 [J]. 岩石力学与工程学报，2019，38（10）：2045-2056.

[150] 马新根，何满潮，李钊，等 . 复合顶板无煤柱自成巷切顶爆破设计关键参数研究 [J]. 中国矿业大学学报，2019，48（2）：236-246，277.

[151] 陈上元，赵菲，王洪建，等 . 深部切顶沿空成巷关键参数研究及工程应用 [J]. 岩土力学，2019，40（1）：332-342，350.

[152] 高龙山，徐颖，吴帮标，等 . 温度损伤大理岩不同含水条件下的动态压缩特性研究 [J]. 岩石力学与工程学报，2018，37（S2）：3826-3833.

[153] 石恒，王志亮，李鸿儒 . 实时温度下中细粒花岗岩动力响应与吸能特性试验研究 [J]. 岩石力学与工程学报，2017，36（6）：1443-1451.

[154] 吴明静，平琦，张号 . 高温状态下加载速率对砂岩动态力学特性影响的实验研究 [J]. 科学技术与工程，2018，18（24）：281-287.

[155] 顾超，许金余，孟博旭，等 . 高温作用后 2 种层理砂岩的动态力学试验及细观分析 [J]. 煤炭学报，2019，44（9）：2710-2720.

[156] 唐礼忠，刘涛，王春，等 . 动力荷载对围压卸载下岩石动态变形模量的影响 [J]. 爆炸与冲击，2018，38（6）：1353-1363.

[157] 闻名，许金余，王鹏，等 . 水分与冻融环境下岩石动态拉伸试验及细观分析 [J]. 振动与冲击，2017，36（20）：6-11，36.

[158] 褚夫蛟，刘敦文，陶明，等 . 基于核磁共振的不同含水状态砂岩动态损伤规律 [J]. 工程科学学报，2018，40（2）：144-151.

[159] 武仁杰，李海波 .SHPB 冲击作用下层状千枚岩多尺度破坏机理研究 [J]. 爆炸与冲击，2019，39（8）：105-114.

[160] 王兴渝，朱哲明，邱豪，等 . 冲击荷载下层理对页岩内裂纹扩展行为影响规律的研究 [J]. 岩石力学与工程学报，2019，38（8）：1542-1556.

[161] 王梦想，汪海波，宗琦 . 冲击荷载作用下煤矿泥岩能量耗散试验研究 [J]. 煤炭学报，2019，44（6）：1716-1725.

[162] 王春，程露萍，唐礼忠，等 . 高静荷载下卸载速率对岩石动力学特性及破坏模式的影响 [J]. 岩石力学与工程学报，2019，38（2）：217-225.

[163] 蔚立元，朱子涵，孟庆彬，等 . 循环加卸载损伤大理岩的动力学特性 [J]. 爆炸与冲击，2019，39（8）：60-70.

[164] 代仁平，郭学彬，宫全美，等．隧道围岩爆破损伤防护的霍普金森压杆试验 [J]. 岩土力学，2011，32（1）：77-83.

[165] 陆银龙，王连国，唐芙蓉，等．煤炭地下气化过程中温度 - 应力耦合作用下燃空区覆岩裂隙演化规律 [J]. 煤炭学报，2012，37（8）：1292-1298.

[166] 陈菲，何川，邓建辉．高地应力定义及其定性定量判据 [J]. 岩土力学，2015，36（4）：971-980.

[167] 周子龙，蔡鑫，周静，等．不同加载率下水饱和砂岩的力学特性研究 [J]. 岩石力学与工程学报，2018，37（S2）：4069-4075.